建筑与市政工程施工现场专业人员职业标准培训教材

# 材料员岗位知识与专业技能
## （第 2 版）

建筑与市政工程施工现场专业人员职业标准培训教材编审委员会　编

主　编　王开岭
副主编　赵红玲　李鸿芳
主　审　荆新华　梁　栋

U0364438

黄河水利出版社
·郑州·

# 内 容 提 要

本书为建筑与市政工程施工现场专业人员职业标准培训教材,共分八章,着重介绍材料员工作岗位应该具备的建筑与市政工程材料管理的基本知识和基本技能,主要包括材料管理的规定和标准,材料的招标和合同管理,建筑与市政工程材料市场调查和采购,建筑与市政工程材料、设备的验收和发放,建筑与市政工程材料的储存和供应,危险品的安全管理和施工余料、废弃物的处置,建筑材料的核算,材料、设备的统计台账和资料整理。

本书可作为材料员培训教材使用,也可供工程管理技术人员工作时参考使用。

## 图书在版编目(CIP)数据

材料员岗位知识与专业技能(第二版)/王开岭主编;建筑与市政工程施工现场专业人员职业标准培训教材编审委员会编. —2 版. —郑州:黄河水利出版社,2018.2

建筑与市政工程施工现场专业人员职业标准培训教材

ISBN 978 - 7 - 5509 - 1993 - 8

Ⅰ.①材… Ⅱ.①王… ②建… Ⅲ.①建筑材料 - 职业培训 - 教材 Ⅳ.①TU5

中国版本图书馆 CIP 数据核字(2018)第 044736 号

---

出 版 社:黄河水利出版社     网址:www.yrcp.com

    地址:河南省郑州市顺河路黄委会综合楼 14 层     邮政编码:450003

发行单位:黄河水利出版社

    发行部电话:0371 - 66026940、66020550、66028024、66022620(传真)

    E-mail:hhslcbs@126.com

承印单位:河南承创印务有限公司

开本:787 mm×1 092 mm    1/16

印张:12.25

字数:294 千字          印数:1—4 000

版次:2018 年 2 月第 2 版       印次:2018 年 2 月第 1 次印刷

---

定价:38.00 元

# 建筑与市政工程施工现场专业人员职业标准培训教材
## 编审委员会

# 序

为了加强建筑工程施工现场专业人员队伍的建设,规范专业人员的职业能力评价方法,指导专业人员的使用与教育培训,提高其职业素质、专业知识和专业技能水平,住房和城乡建设部颁布了《建筑与市政工程施工现场专业人员职业标准》(JGJ/T 250—2011),并自2012 年 1 月 1 日起颁布实施。我们根据《建筑与市政工程施工现场专业人员职业标准》(JGJ/T 250—2011)配套的考核评价大纲,组织建设类专业高等院校资深教授、一线教师,以及建筑施工企业的专家共同编写了《建筑与市政工程施工现场专业人员职业标准培训教材》,为2014 年全面启动《建筑与市政工程施工现场专业人员职业标准》的贯彻实施工作奠定了一个坚实的基础。

本系列培训教材包括《建筑与市政工程施工现场专业人员职业标准》涉及的土建、装饰、市政、设备 4 个专业的施工员、质量员、安全员、材料员、资料员 5 个岗位的内容,教材内容覆盖了考核评价大纲中的各个知识点和能力点。我们在编写过程中始终紧扣《建筑与市政工程施工现场专业人员职业标准》(JGJ/T 250—2011)和考核评价大纲,坚持与施工现场专业人员的定位相结合、与现行的国家标准和行业标准相结合、与建设类职业院校的专业设置相结合、与当前建设行业关键岗位管理人员培训工作现状相结合,力求体现当前建筑与市政行业技术发展水平,注重科学性、针对性、实用性和创新性,避免内容偏深、偏难,理论知识以满足使用为度。对每个专业、岗位,根据其职业工作的需要,注意精选教学内容、优化知识结构,突出能力要求,对知识和技能经过归纳,编写了《通用与基础知识》和《岗位知识与专业技能》,其中施工员和质量员按专业分类,安全员、资料员和材料员为通用专业。本系列教材第一批编写完成 19 本,以后将根据住房和城乡建设部颁布的其他岗位职业标准和施工现场专业人员的工作需要进行补充完善。

本系列培训教材的使用对象为职业院校建设类相关专业的学生、相关岗位的在职人员和转入相关岗位的从业人员,既可作为建筑与市政工程现场施工人员的考试学习用书,也可供建筑与市政工程的从业人员自学使用,还可供建设类专业职业院校的相关专业师生参考。

本系列培训教材的编撰者大多为建设类专业高等院校、行业协会和施工企业的专家和教师,在此,谨向他们表示衷心的感谢。

在本系列培训教材的编写过程中,虽经反复推敲,仍难免有不妥甚至疏漏之处,恳请广大读者提出宝贵意见,以便再版时补充修改,使其在提升建筑与市政工程施工现场专业人员的素质和能力方面发挥更大的作用。

**建筑与市政工程施工现场专业人员职业标准培训教材编审委员会**
2013 年 9 月

# 前　言

　　《材料员岗位知识与专业技能》根据住房和城乡建设部人事司颁布的《建筑与市政工程施工现场专业人员考核评价大纲》进行编写,将材料员的工作职责和相关专业技术知识、业务管理细则及相关的法律法规、标准规范知识融为一体,具有很强的指导性和实用性。

　　本书共分八章,着重介绍材料员工作岗位应该具备的建筑与市政工程材料管理的基本知识和基本技能,主要包括材料管理的规定和标准,材料的招标和合同管理,建筑与市政工程材料市场调查和采购,建筑与市政工程材料、设备的验收和发放,建筑与市政工程材料的储存和供应,危险品的安全管理和施工余料、废弃物的处置,建筑材料的核算,材料、设备的统计台账和资料整理。

　　本书可作为材料员培训教材使用,也可供工程管理技术人员工作时参考使用。

　　本书由开封大学王开岭任主编,由洛阳理工学院赵红玲和李鸿芳任副主编;开封大学张莹莹、穆爱莲,开封市城市建设档案馆孙宏伟,新乡市保障性住房服务中心樊霞,黄河建工集团有限公司项恒参与编写,由焦作职业教育中心学校荆新华、梁栋任主审。

　　本书在编写过程中,得到了河南省建设教育协会的大力支持,在此表示衷心的感谢。

　　由于时间仓促,书中难免有不当之处,敬请广大读者给予批评指正。

编　者
2017 年 8 月

# 目　录

# 第一章 材料管理的规定和标准

**【学习目标】**

通过本章的学习,要求了解建筑材料管理的有关规定,熟悉建筑材料相关技术标准,掌握建筑材料技术标准的体系框架。

各种土木工程都是由材料构成的,材料的性能在很大程度上决定了土木工程的使用功能,也是决定不同种类土木工程性质的主要因素。正确选择和合理使用土木工程材料,对整个土木工程的安全、实用、美观、耐久性及造价有着非常重要的意义。建筑材料不仅包括构成建筑物或构筑物本身所使用的材料,而且还包括水、电、燃气等配套工程所需设备和器材,以及在建筑施工中使用和消耗的材料,如脚手架、组合钢模板、安全防护网等。常见的有黑色金属、有色金属、水泥、木材、焊接材料、砌块砖瓦、石、砂、灰、建筑五金、陶瓷、玻璃、油漆涂料、保温吸音材料、防水材料、耐火耐腐材料、水暖材料、电器材料、橡胶制品、建筑塑料、油脂及化工材料、纳米材料等。建筑材料是一切土木建筑工程的物质基础,在现代化建设中,占有举足轻重的地位和作用,这主要表现在以下三方面:

(1)建筑材料是保证建筑工程质量的重要前提。建筑材料的性能、质量、品种和规格直接影响建筑工程的结构形式、施工方法、坚固性以及耐久性,在建筑材料的生产、采购、储运、保管、使用和检验评定中,任何一个环节的失误都可能造成工程质量的缺陷,甚至造成质量事故。

(2)建筑材料直接关系到建筑工程造价的高低。在一般建筑工程中,与建筑材料有关的费用占工程造价的 60% 以上,装饰工程所占比重更甚。在实际工程中,建筑材料的选择、使用及管理,对工程成本影响很大。正确选择和合理使用材料,成为提高经济效益的关键所在。

(3)建筑材料的发展促进建筑技术现代化。建筑材料从传统的土、木、砖、瓦发展到水泥、钢筋、玻璃、陶瓷、高分子材料,建筑技术也一次次产生了质的飞跃,带动了人类建筑技术的长足发展。

# 第一节 建筑材料管理的有关规定

物资是物质资料的简称,从广义上讲,物资包括生产资料和生活资料;从狭义上讲,物资主要指生产资料。就建筑企业而言,物资是指建筑施工生产中的劳动手段和劳动对象,包括原材料、燃料,还包括生产工具、劳动保护用品、机械、电工及动力设备和交通运输工具等。建筑材料属于物资范畴,是建筑安装施工过程的劳动对象,是建筑产品的物质基础。建筑材料投入施工生产后,原有的实物形态发生改变或消失,构成工程实体或有助于工程实体的形成。

## 一、建筑材料的分类

建筑业对材料的消耗量很大,材料费约占房屋建筑工程成本的 60%。建筑用的材料品种繁多,包括冶金、化工、建材、石油、林业、机械、轻工、电子、仪表等 50 多个产业部门的产品。为了便于计划和管理,常用以下几种方法进行分类。

（一）按建筑材料化学成分分类

建筑材料按化学成分可分为无机材料、有机材料、复合材料三类。

1. 无机材料

无机材料是指以无机物构成的材料,大部分使用历史较长的建筑材料属于无机材料。主要包括金属材料和非金属材料。其中,金属材料包括黑色金属材料(钢、铁等及其合金)和有色金属材料(铜、铝等及其合金),非金属材料包括天然石材(砂、石及石材制品等)、胶凝材料(石灰、石膏、水玻璃、水泥等)、混凝土制品及硅酸盐制品(混凝土、砂浆及硅酸盐制品等)和烧土制品(砖、瓦、玻璃、陶瓷等)。

2. 有机材料

有机材料是指以有机物构成的材料,主要包括植物材料(木材、竹材等)、沥青材料(石油沥青、煤沥青、沥青制品等)及高分子材料。建筑涂料(无机涂料除外)、建筑塑料、混凝土外加剂、泡沫聚苯乙烯和发泡聚氨酯等绝热材料、防火涂料等都属于高分子材料。

3. 复合材料

复合材料是指把不同性能和功能的材料进行复合,制成性能更优异的材料,可以全部由无机材料复合而成,也可以由无机材料和有机材料复合而成,如钢筋混凝土和彩钢夹芯板、纤维混凝土、玻璃钢、聚合物混凝土、钢纤维混凝土等。复合材料能够使单一材料之间得以互补,发挥复合后材料的综合优势,是当代建筑材料发展、应用的主流。

（二）按建筑材料在施工生产中的作用分类

建筑企业内部核算时,将材料按其在施工生产中的作用分为主要材料、结构件、机械配件、周转材料、低值易耗品、其他材料。

1. 主要材料

主要材料是指直接用于建筑工程(产品)上,构成工程实体的各种材料,如钢材、木材、水泥等材料。

2. 结构构件

结构构件是指事先已经对建筑材料进行加工,经过安装后构成工程实体的各种加工件,如金属构件、预制钢筋混凝土构件、木构件等。

3. 机械配件

机械配件是指维修机械设备所需的各种零件和配件,如曲轴、螺丝等。

4. 周转材料

周转材料是指在施工生产中多次反复使用,基本保持原有形态且逐渐转移其价值的工具性材料,如脚手架、模板、枕木等。

5. 低值易耗品

低值易耗品是指使用期限较短或单位价值较低,达不到固定资产标准的劳动资料,如工具用具、劳动保护用品、玻璃器皿等。

6. 其他材料

其他材料是指不构成工程(产品)实体,但有助于工程(产品)实体的形成,或便于施工生产进行的各种材料,如燃料、油料等。

（三）按建筑材料的主要用途分类

1. 结构材料

结构材料主要是指用于构造建筑结构部分的承重材料,如水泥、骨料、混凝土、混凝土外加剂、砂浆、墙体材料、钢材及公路中使用的沥青混凝土等,主要利用其具有的一定力学性能。

2. 功能材料

功能材料是指主要在建筑物中发挥力学性能以外特长的材料,如防水材料、建筑涂料、绝热材料、防火材料、建筑玻璃、管材等,使建筑物具有防水、装饰、保温隔热、防火、维护、采光、防腐及给排水功能,从而使建筑物具有使用功能,使建筑物更加安全、耐久、舒适、美观。有些功能材料除其自身特有的功能外,还有一定的力学性能,而且人们也正在不断创造更多、更好的既具有结构材料的强度,又具有其他复合特性功能的材料。

（四）按建筑材料的使用历史分类

1. 传统建筑材料

传统建筑材料是指使用历史较长的材料,如砖、瓦、砂、石及水泥、钢材、木材等。

2. 新型建筑材料

新型建筑材料是指新开发的建筑材料。然而,传统和新型的概念是相对的,随着时间的推移,原先被认为是新型的建筑材料,若干年后可能不被认为是新型建筑材料了;而传统建筑材料也可能随着新技术的发展,出现新的产品,又成了新型建筑材料。

（五）按采购建筑材料的重要程度分类

1. A 类材料

A 类材料即关键的少数材料。主要包括钢材、木材、水泥、砂石、预拌混凝土、砌块、焊接材料、混凝土外加剂等。

2. B 类材料

B 类材料属一般性材料。主要包括墙地砖、石材、涂料、电器开关、模板、电线电缆、配电箱、架管、扣件、安全防护用品、危险化学品等。

3. C 类材料

C 类材料属次要的多数材料。主要包括五金、化工、日杂用品、工具、低值易耗品等。

（六）按同一品种建筑材料数量分类

1. 大宗材料

大宗材料指采购量大、单位价值高、占工程成本较大的材料,主要包括 A 类和部分 B 类材料。

2. 零星材料

零星材料指大宗材料以外的材料,主要包括 C 类和部分 B 类材料。

建筑材料的发展史,是人类文明发展史的一部分。随着社会生产力和科学技术的发展,建筑材料也在逐步发展中。人类从不懂使用材料到简单地使用土、石、树木等天然材料,进而掌握材料的制造方法,从烧制石灰、砖、瓦发展到烧制水泥和大规模炼钢,建筑结构也从简单的砖木结构发展到钢和钢筋混凝土结构。材料的发展反过来又使社会生产力和科学技术得到了发展。20 世纪中期以后,建筑材料发展更加迅速。传统材料朝着轻质、高强、多功能方向发展,新材料不断出现,高分子合成材料及复合材料更是异军突起,越来越多地被应用于各种建筑工程上。就人类的可持续发展来说,将来的建筑工程材料应该向再生化、利废化、节能化方向发展。为给人类提供有益健康的生活环境,还应大力发展绿色建材,同时大宗材料还应是低成本的。这是因为建筑工程对材料的消耗量极大,历史发展到今天,使得可利用的自然资源和能源已非常有限,由于以往生产建筑工程材料对自然资源的攫取,已使自然环境遭到了巨大的破坏,节约资源和能源对建筑业来说也是一项重要的历史责任。

## 二、选用、采购环节确保建筑材料质量的规定

建筑材料是构成土木工程的物质基础,各种建筑物都是由各种不同的材料经设计、施工、建造而成的。这些材料所处的环境、部位、使用功能的要求和作用不同时,对材料的性质要求也就不同,为此材料必须具备相应的基本性质,如用于结构的材料要具有相应的力学性质,以承受各种力的作用。根据土木工程的功能需要,还要求材料具有相应的防水、绝热、隔声、防火、装饰等性质,如地面材料要具有耐磨的性质;墙体材料应具有绝热、隔声性质;屋面材料应具有防水性质。而因土木工程材料在长期的使用过程中,经受日晒、雨淋、风吹、冰冻和各种有害介质侵蚀,还要求材料具有良好的耐久性。针对以上特点,我国对建筑材料的生产、管理和使用都进行了明确的规定。

### (一)建筑材料生产管理的规定

根据2017年发布的《中华人民共和国标准化法(修订草案)》及其实施条例,为加强建筑材料行业(包括建筑材料、非金属矿和无机非金属材料工业,简称建材行业)标准化工作的管理,适应建材工业生产和发展的需要,制定了我国《建筑材料行业标准化管理办法》,以促进建材行业及企业、事业单位的技术进步,保证和促使建材产品质量提高,保护用户或消费者的利益,在经济、科技及管理等社会实践中建立最佳秩序和创造最大经济效益、社会效益。中国建材总院组织开展了"建材行业安全生产现状调查与对策研究"。调查研究表明,建材行业安全生产存在的主要问题如下。

(1)建材行业生产工艺和工序复杂多样,造成安全生产事故类型呈现多样化。

(2)建材行业企业数量巨大,产业集中度低,中小企业总量庞大,非公有制企业和小型企业居多,导致事故总量偏大。

(3)建材行业企业从业人数庞大,尤其是农民工数量十分巨大,职工素质较低,安全生产意识差,较大伤亡事故时有发生。

(4)建材行业先进工艺与落后工艺并存,安全生产水平差异巨大,两极分化明显。

(5)多数中小企业安全生产管理、生产工艺技术落后,安全"三同时"(同时设计、同时施工、同时投入生产和使用,余同)执行差,作业环境艰苦恶劣,本质安全生产条件差。

(6)行业主管机构调整后,行业安全生产的专业统筹管理职能有所弱化。

(7)建材行业安全生产发展规划存在空白,使得安全不能与生产协同发展。

(8)建材行业安全生产标准化工作推进缓慢滞后,地区、行业和企业推进速度不平衡、评价达标体系不统一。

(9)建材行业安全生产科技基础薄弱,发展滞后,制约了建材行业本质安全生产水平的提高。

为加强和规范建材企业安全生产监督管理,国家安全监管总局决定研究制定《安全生产标准管理办法》,并列入《国家安全监管总局关于印发2016年立法计划的通知》(安监总政法〔2016〕43号)立法计划。本规定参考了地方相关安全生产管理规定,重点突出了安全

教育培训、企业安全生产管理机构设置及人员配备、隐患排查治理、安全"三同时"、职业危害、生产作业安全管理、安全防护设施和安全生产标准化等有关内容,加强建材行业安全监管。根据我国《安全生产法》、《职业病防治法》、《放射性污染防治法》、《放射性同位素与射线装置安全和防护条例》、《作业场所职业健康监督管理暂行规定》、《作业场所职业危害申报管理办法》、《建筑工程扬尘治理管理办法》等有关规定,应控制建材行业粉尘、毒物、噪声、高温四类主要环境危害。建材企业应对涉及天燃气、液化石油气、发生炉煤气、焦炉煤气、氧气、氢气、氮气、液氨、硅烷、工业萘等危险物品生产、输送、使用、储存的设施,以及油库(罐)、煤粉制备车间、煤预均化库、煤磨除尘器、压缩空气站、喷雾干燥塔、电缆隧道(沟)等重点防火防爆部位,按照有关规定采取有效、可靠的监控、监测、预警、防火、防爆、防毒等安全措施。建材企业未按规定完成安全生产标准化创建工作,要责令停产整顿,对拒不整改或逾期未完成整改的,提请地方政府依法予以关闭。

**(二)建筑材料使用管理的规定**

(1)凡从事生产或销售建筑材料的生产者或销售者,应持营业执照到建设行政主管部门登记备案。

(2)建设工程的设计单位和建设、施工单位,必须根据该项工程的质量要求,选用能够满足工程质量要求的建筑材料,不得降低标准选用建筑材料。

(3)建设单位或施工单位购进使用的建筑材料必须是合格产品。选购建筑材料时,应当查验生产或经营单位提供的产品合格证,必要时可委托具有相应资质的法定质量检验机构检测。不得选购、使用假冒劣质和不合格产品。建设单位或施工单位选用实施生产许可证或准用证管理的建材时,应当查验其生产许可证或建材产品准用证。

(4)凡国家和当地政府明令淘汰的建筑材料、国家明令取缔或关闭的生产企业生产的建筑材料,建设单位或施工单位不得选购使用。

(5)禁止新建、扩建占用耕地或毁田取土生产黏土实心砖的生产线。现在生产黏土实心砖的生产线,应逐步改造生产工艺,生产节能、节土、利废的新型建筑材料。设计单位和建设、施工单位不得设计使用、选购使用黏土实心砖作为墙体材料,用于框架结构的填充墙、隔断墙和砖混结构的隔断墙。建筑工程必须采用合格的,并能满足建设工程质量要求的建筑材料。鼓励采用有利于节约能源、保护环境的新型建筑材料,限制并逐步淘汰耗能高、污染环境的建筑材料。

**(三)建筑材料供应与管理**

1. 建筑材料供应与管理的概念

建筑企业的材料管理,可分为社会流通领域的管理和生产领域的管理(即对材料消耗的管理),指对施工过程中所需的各种材料,围绕采购、储备和消费所进行的一系列组织与管理工作。也就是借助计划、组织、指挥、监督和调节等管理职能,依据一定的原则、程序和方法,搞好材料平衡供应,高效、合理地组织材料的储存、消费和使用,以保证建筑安装生产的顺利进行。

建筑安装施工生产总是不间断地进行的。建筑材料在施工中逐渐被消耗掉,转化成工程实体。没有生产资料的供应,生产建设就无法进行。在建筑工程施工中,注意节约使用材料,努力降低单耗,控制材料库存,加速流转,节约使用储备资金,这些都与企业经营成果直接相关。建筑材料的供应与管理是建筑企业经营管理的重要组成部分,建筑材料是建筑企业组织生产的物质基础。加强材料供应和管理工作是建筑业现代化生产的客观需要，也是企业完成和超额完成各项技术、经济指标，取得良好经济效果的重要环节。

建筑业生产的技术经济特点，使得建筑企业的材料管理工作具有一定的特殊性、艰巨性和复杂性，表现在以下几个方面。

（1）建筑材料品种规格繁多。由于建筑产品（工程对象）各不相同，技术要求各异，需用材料的品种、规格、数量及构成比例也随之不同，一般工程经常使用的建筑材料就有600多个品种，2 000多个规格。

（2）建筑材料耗用量多、质量大、体积大。一个地区大宗材料的耗用，常以"吨"来计量，而且体积松散，不易管理，需要很大的运输力量。

（3）建筑安装生产周期较长，占用的生产储备资金较多。一个建筑产品从投入施工到交付使用，往往要以月或年计算工期，在施工期间，每天要消耗大量的人力、物力。由于自然条件的限制，一部分建筑材料的生产和供应，受到季节性影响，需要作季节储备。这就决定了材料储备数量较大，占用储备资金较多。

（4）建筑材料供应很不均衡。建筑施工生产是按分部分项分别进行的，生产按工艺程序展开，施工各阶段用料的品种、数量都不相同，材料消耗数量时高时低，这就决定了材料供应上的不均衡性。

（5）材料供应工作涉及面广。供应单位点多面广，在常用的建筑材料中，既有大宗材料，又有零星或特殊材料，材料货源和供应渠道复杂。大部分材料的运输需要借助大量的社会运输力量，这就要受到运输方式和运输环节的牵制与影响，稍一疏忽，就会在某一环节上产生问题，影响施工生产的正常进行。

（6）建筑物固定，施工场所不固定，建筑生产的流动性大，使得建筑材料的供应没有固定的来源和渠道，也没有固定的运输方式，决定了建筑材料供应工作的复杂性。

（7）建筑材料的质量要求高。建筑材料的质量在很大程度上决定了建筑产品的质量。材料管理人员要充分认识到建筑材料供应与管理工作的重要性、特殊性，以及做好材料供应与管理工作的艰巨性、复杂性，才能掌握工作的主动权，做好材料供应及管理工作。

**2. 材料供应与管理的方针和原则**

1）"从施工生产出发，为施工生产服务"的方针

"从施工生产出发，为施工生产服务"是"发展经济，保障供给"的财经工作总方针的具体化，是材料供应与管理工作的基本出发点。

2）加强计划管理的原则

建筑工程产品中无论工程结构繁简、建设规模大小，都是根据使用目的，先设计、后施工。施工任务一般落实较迟，但一经落实就急于施工，加上施工过程中情况多变，若没有适当的材料储备，就没有应变能力。搞好材料供应，关键在于摸清施工规模，提出备料计划，在计划指导下组织好各项业务活动的衔接，保证材料满足工程需要，使施工生产顺利进行。

3）加强核算，坚持按质论价的原则

同一品种的材料，往往因各地厂家或企业生产经营条件不同和市场供求关系等，价格上有明显差异，在采购、订货业务活动中应遵守国家物价政策，按质论价、协商定购。

4）厉行节约的原则

厉行节约的原则是一切经济活动都必须遵守的根本原则。材料供应管理活动包含两方面

意义：一方面是材料部门在经营管理中精打细算，节省一切可能节约的开支，努力降低费用水平；另一方面是通过业务活动加强定额控制，促进材料耗用的节约，推动材料的合理使用。

3. 材料供应与管理的要求

做好材料供应与管理工作，除材料部门积极努力外，尚需各有关方面的协作配合，以达到供好、管好、用好工程材料，降低工程成本的目的。材料供应与管理的主要要求有以下几点。

1）落实资源，保证供应

建筑工程任务落实后，材料供应是主要保证条件之一，没有材料，企业就失去了主动权，完成任务就成为一句空话。施工企业必须按施工图预算核实材料需用量，组织材料资源。材料部门要主动与建设单位联系，属于建设单位供应的材料，要全面核实其现货、订货、在途资源及工程需用量的余缺。双方协商、明确分工并落实责任，分别组织配套供应，及时、保质、保量地满足施工生产的需求。

2）抓好实物采购、运输，加速周转、节省费用

搞好材料供应与管理，必须重视采购、运输和加工过程的数量、质量管理。根据施工生产进度要求，掌握轻、重、缓、急，结合市场调节，尽最大努力"减少在途"、"压缩库存"材料，加强调剂，缩短材料的在途、在库时间，加速周转。与材料供应管理工作有关的各部门，都要明确经济责任，全面实行经济核算制度，降低材料成本。

3）抓好商情信息管理

商情信息与企业的生存和发展有密切联系。材料商情信息的范围较广，要认真收集、整理、分析和应用。材料部门要有专职人员，经常了解市场材料流通供求情况，掌握主要材料和新型建材动态（包括资源、质量、价格、运输条件等）。收集的信息应分类整理、建立档案，为领导提供决策依据。

4）降低材料单耗

单耗是指建筑工程产品每平方米所耗用工程材料的数量。由于建筑工程产品是固定的，施工地点分散，露天作业多，不免要受自然条件的限制，影响均衡施工。材料需用过程中品种、规格和数量的变动大，就会增加定额供料的困难。为降低材料单耗水平，要完善设计、改革工艺、使用新材料，认真贯彻节约材料的技术措施。施工中要贯彻操作规程，合理使用材料，克服施工现场浪费材料的现象；要在保证工程质量的基础上，严格执行材料定额管理。

5）严格执行材料准用制度

对列入国家、省准用管理范围的建筑材料和建筑构件，必须在取得国家或省建设行政主管部门发给的准用证后，方可销售、使用。在销售前，应到市建设行政主管部门登记备案。登记备案应提交准用证、营业执照、产品执行和技术说明书及其他有关材料。符合国家标准或行业标准、地方标准；已批量生产且质量稳定；生产企业有质量保证体系；符合有关保护环境、节约能源的要求；实行生产许可证的，生产企业已取得生产许可证的建筑材料和建筑构件，可向建设行政主管部门申请办理建筑材料准用证。所有建设工程需要使用实行准用管理的建筑材料和建筑构件的，必须选购使用已取得建材产品准用证的建筑材料和建筑构件。建设工程竣工后，对未按规定使用实行准用管理的建筑材料和建筑构件的，不得评为优良工程。

4. 材料供应与管理的任务

建筑企业材料供应与管理工作的基本任务是：本着管材料必须全面"管供、管用、管节

约和管回收、修旧利废"的原则,把好供、管、用三个主要环节,以最低的材料成本,按质、按量、及时、配套供应施工生产所需的材料,并监督和促进材料的合理使用。材料供应与管理的具体任务如下。

1)提高计划管理质量,保证材料供应

提高计划管理质量,首先要提高核算工程用料的正确性。计划是组织指导材料业务活动的重要环节,是组织货源和供应工程用料的依据。无论是需用计划,还是材料平衡分配计划,都要以单位工程(大的工程可用分部工程)进行编制。材料计划工作需要与设计、建设单位和施工部门保持密切联系。对重大设计变更、大量材料代用、材料的价差和量差等重要问题,应与有关单位协商解决好。同时,材料供应员要有应变的工作能力,保证工程需要。

2)提高供应管理水平,保证工程进度

材料供应与管理包括采购、运输及仓库管理业务,这是配套供应的先决条件。由于建筑工程产品的规格、式样多,每项工程都是按照特定要求设计和施工的,对材料各有不同的需求,数量和质量受设计的制约,而在材料流通过程中受生产和运输条件的制约,价格上受地区预算价格的制约。因此,材料部门要主动与施工部门保持密切联系,交流情况,互相配合,才能提高供应管理水平,适应施工要求。对特殊材料要采取专料专用控制,以确保工程进度。

3)加强施工现场材料管理,坚持定额供料

建筑工程产品体量大、生产周期长,用料数量多,运量大,而且施工现场一般比较狭小,储存材料困难;在施工高峰期间,土建、安装交叉作业,材料储存地点与供、需、运、管之间矛盾突出,容易造成材料浪费。因此,施工现场材料管理,首先要建立健全材料管理责任制度,材料员要参加现场施工平面总图关于材料布置的规划工作。在组织管理方面,要认真发动群众,坚持专人管理与群众管理相结合的原则,建立健全施工队(组)的管理网,这是材料使用管理的基础。在施工过程中,要坚持定额供料,严格领退手续,达到工完、料尽、场地清。

4)严格经济核算,降低成本,提高效益

建筑企业提高经济效益,必须立足于全面提高经营管理水平。由于材料供应方面的经济效益较为直观,目前建筑企业已在不同程度上重视材料价格差异的经济效益,但仍忽视材料的使用管理,甚至以材料价差盈余掩盖企业管理的不足,这不利于提高企业管理水平,应当引起重视。经济核算是借助价值形态对生产经营活动中的消耗和生产成果进行记录、计算、比较及分析,促使企业以最低的成本取得最大经济效益的一种方法。材料供应管理中的业务活动要全面实行经济核算责任制度,以寻求降低成本的途径。

### 三、《建设工程项目管理规范》(GB/T 50326—2017)关于建筑材料管理的规定

为深化我国建设工程项目管理组织实施方式改革,不断提高建设工程项目管理水平,促进工程项目管理科学化、规范化和法制化,以适应市场经济发展的需要,并与国际惯例接轨,国家制定了《建设工程项目管理规范》。

#### (一)项目管理实施规划应包括资源需求计划和资源管理计划

资源需求计划包括规划与设计计划,资金需求计划,劳动力需求计划,主要材料和周转材料需求计划,机械设备需求计划,预制品订货和需求计划,大型工具、器具需求计划,机电设备需求计划,采购计划。资源管理计划包括劳务计划、材料计划、采购计划、机械设备计划、资金流量计划、技术管理计划。

## （二）工程项目管理中的材料质量控制

项目采购质量控制应包括下列内容：采购策划的控制、采购产品采买的控制、采购产品催交的控制、采购产品验证的控制、包装和运输的控制。为保证项目采购符合项目工期、质量、安全、环境和成本要求，项目采购管理应遵循相关程序：即明确项目采购分工、责任及采购产品的基本要求，按项目设计文件和采购分工对项目采购管理进行策划，调查、选择合格的产品供应商并建立名录；编制项目采购文件，对项目采购报价进行评审；确定项目采购供应商，签订采购合同，对采购产品进行验证，运输、验收、移交采购产品，按规定处置不合格产品。

项目经理部材料管理控制必须达到以下要求。

（1）按计划保质保量及时供应材料。

（2）材料需要量计划应包括材料需要量总计划和分部计划。

（3）材料仓库的选址应有利于材料的进出和存放，符合防火、防雨、防盗、防风、防变质等要求。

（4）进场的材料进行数量验收和质量认证，作好相应的验收记录和标志，不合格的材料应更换、退货或让步接受（降级使用），严禁使用不合格的材料。

（5）材料的计量设备必须经具备资格的机构定期检验，确保计量所需要的精确度。检验不合格的设备不允许使用。

（6）进入现场的材料应有生产厂家的材质证明（包括厂名、品种、出厂日期、出厂编号、实验数据）和出厂合格证。要求复检的材料要有送检证明报告。新材料未经试验鉴定，不得用于工程中。现场配制的材料应经试配，使用前应经认证。

（7）材料储存应满足下列要求。

①入库的材料应按型号、品种分区堆放，并分别编号、标志。

②易燃、易爆的材料应专门存放，专人负责保管，并有严格的防火、防爆措施。

③有防湿、防潮措施要求的材料，应采取防湿、防潮措施，并作好标志。

④有保质期的库存材料应定期检查，防止过期，并作好标志。

⑤易损坏的材料应保护好外包装，防止损坏。

（8）应建立材料使用限额领料制度。超限额的用料，用料前应办理手续，填写领料单，注明超耗原因，经项目经理部材料管理人员审批。

（9）建立材料使用台账，记录使用和节超状况。

（10）应实施材料使用监督制度。材料管理人员应对材料使用情况进行监督；做到工完、料尽、场地清；建立监督记录；对存在的问题应及时分析和处理。

（11）班组应办理剩余材料退料手续。设施用料、包装物及容器应回收并建立回收台账。

（12）制定周转材料保管和使用制度，项目采购资料整理归档。

# 第二节　建筑材料相关技术标准

建筑材料的技术标准是生产和使用单位检验、确认产品质量是否合格的技术文件。它的主要内容包括：产品规格、分类、技术要求、检验方法、验收原则、运输和储存注意事项等。目前，我国技术标准分为4级：国家标准、行业标准、地方标准和企业标准。

（1）国家标准：国家标准有强制性标准（GB）、推荐性标准（GB/T）。

（2）行业标准：行业标准如建筑工程行业标准（代号 JCJ）、建筑材料行业标准（代号 JC）、交通工程行业标准（代号 JT）、冶金工业行业标准（代号 YB）等。

（3）地方标准：地方标准是由地方主管部门发布的地方性技术指导文件，代号为 DBJ。

（4）企业标准：凡没有制定国家标准和行业标准的产品，均应制定企业标准。企业标准仅适用于本企业，代号为 QB。

对强制性国家标准，任何技术或产品不得低于其规定的要求；对推荐性国家标准，表示也可执行其他标准的要求。地方标准或企业标准所规定的技术要求应高于国家标准。标准的表示方法通常为：标准名称、部门代号、编号和批准年份。例如，国家标准（强制性）《混凝土结构工程施工质量验收规范》（GB 50204—2015）；国家标准（推荐性）《普通混凝土拌合物性能试验方法标准》（GB/T 50080—2016）；建筑工程行业标准《普通混凝土配合比设计规程》（JGJ 55—2011）。

随着我国对外开放的发展，建筑企业对外参与国际土木工程投标建设，还经常涉及与土木工程关系密切的国际标准或外国标准，其中主要有：国际标准，代号为 ISO；美国材料与试验协会标准，代号为 ASTM；德国工业标准，代号为 DIN；英国标准，代号为 BS；法国标准，代号为 NF 等。

对需在全国建材行业内统一的下列技术要求，应当制定国家标准（含标准样品的制作）：

（1）通用技术术语、符号、代号（含代码）、文件格式、制图方法等技术语言要求。

（2）保障人体健康和人身、财产安全的技术要求，如重要产品的生产、储存、运输和使用中的安全、卫生要求，环境保护的技术要求。

（3）重要的基本原料、材料的技术要求，如对基建工程质量有较大影响的材料；对其他行业重要产品的质量有重大影响的原料、材料；节能材料，节约资源的原料；对安全、卫生有明确要求的材料等的技术要求。

（4）国家需要控制的重要产品的技术要求。主要包括国家计划管理的产品、国家控制价格的产品，以及国家颁发进口许可证的商品，量大面广的需要统一的、通用的、互换性产品的技术需要。

（5）国家需要控制的通用试验、检验方法，抽样方案及方法；跨行业使用、军民通用的试验方法。

（6）工业生产、信息、能源、资源等通用的管理技术。

## 一、建筑材料技术标准的体系框架

建材标准分为强制性标准和推荐性标准。下列标准属于强制性标准：重要的涉及技术衔接的通用技术语言、互换配合的标准；需要控制的重要的通用的试验、检验方法标准，能源检测、计算方法标准；安全、卫生标准，环境质量标准，环境保护的污染物排放标准；通用能耗设备的用能标准，通用能耗定额标准；国家需要控制的原料、材料标准及重要的产品标准，如：对基建工程质量有重大影响的材料标准、节能材料标准，对其他行业的产品质量有较大影响的原料、材料标准，节约资源的原料标准，对安全、卫生有明确要求的材料标准，国家计划管理产品的标准，国家控制价格产品的标准，国家颁发进口许可证商品的标准。除强制性标准外的标准是推荐性标准。

对没有国家标准和行业标准而又需要在省、自治区、直辖市范围内统一的建材产品的安全、卫生要求，环境保护、节约能源等要求，可以按照地方标准管理办法制定地方标准。地方标准发布后，应在 30 日内分别向国务院标准化行政主管部门备案。备案材料包括地方标准批文、地方标准文本及编制说明各 1 份。

企业标准应包括以下几种：

（1）企业生产的产品，没有国家标准、行业标准的，制定企业标准。

（2）为提高产品质量和技术进步，制定的严于国家标准、行业标准的企业标准。

（3）对国家标准、行业标准的选择或补充规定。

（4）工艺、工装、半成品和方法标准。

（5）生产经营活动中的管理标准和工作标准。

按国家规定，由主管部门拨给制定、修订国家标准和行业标准的补助费，专款专用。制定、修订标准费用的不足部分，可按财政部有关规定向标准采用单位收取。建材国家标准和行业标准由负责起草单位组成工作组，参照《国家标准管理办法》的标准制定、修订的程序，进行起草工作。其所在单位，应从人力、物力、经费上支持起草工作。工作组在调研和验证过程中，需要有关单位提供资料样品及进行验证时，各有关单位应给予支持。国家标准及行业标准制定、修订计划下达后，必须按计划完成。确需调整的项目需要向国家建材局生产管理司提出书面报告，并填写项目调整申请表，不能完成的项目应予撤销，并扣回补助经费和上交已取得的工作结果。重大国家标准、行业标准的修订，在形成征求意见稿前，标准工作组必须通过多种形式进行调研，并广泛征求意见。

建材行业强制性和推荐性标准按下列原则确定其适用范围与相互关系：

（1）强制性标准在规定范围内依法强制执行。

（2）推荐性标准，国家鼓励企业自愿采用。既可部分采用，也可全部采用。推荐性标准亦可用于经济合同中。推荐性标准作为认证标准，在发放生产许可证标准时，在规定的适用范围内强制执行。

（3）推荐性标准中引用强制性标准时，被引用标准属性不变。

（4）强制性标准引用推荐性标准时，被引用的推荐性标准在强制性标准范围内强制执行。

（5）推荐性标准，企业一旦自愿采用，就应纳入企业标准体系，具有强制性。

建材生产企业必须配备必要的机构、人员，建立健全以技术标准为主体的、适应企业技术进步和生产经营管理需要的企业标准体系，并认真组织实施。标准发布后，由国家建材局生产管理部门委托国家建材标准化研究所或标准化技术委员会、技术归口单位进行标准的宣传、贯彻和培训。标准实施监督是依据标准化的法律、法规，对强制性国家标准、行业标准、地方标准以及备案的企业产品标准和已被采用的推荐性标准等实施情况的监督检查与处理。标准实施监督，通过以下工作进行：

（1）企业产品标准、地方标准的备案。

（2）对产品进行质量认证。

（3）对企业发放生产许可证。

（4）采用国际标准和国外先进标准的验收。

（5）研制新产品、改进产品、技术改造，按规定进行的标准化审查。

(6)有计划地对标准实施情况进行监督检查。

(7)有计划地对产品质量进行监督检查。

各有关部门或单位在组织建材标准实施与实施监督工作中,应向国家建材工业协会报告标准执行情况及对标准的建议和意见。出口建材产品的技术要求由合同双方约定。出口建材产品在国内销售时,属于我国强制性标准管理范围的,必须符合强制性标准的要求。

## 二、常用建筑材料技术标准的有关要求

### (一)工程建设标准强制性条文

住建部自 2000 年以来相继批准了《工程建设标准强制性条文》,共分十五部分,包括城乡规划、城市建设、房屋建筑、工业建筑、水利工程、电力工程、信息工程、水运工程、公路工程、铁道工程、石油和化工建设工程、矿山工程、人防工程、广播电影电视工程和民航机场工程,覆盖了工程建设的各主要领域。与此同时,住建部颁布了《实施工程建设强制性标准监督规定》(建设部令 81 号),明确了工程建设强制性标准是指直接涉及工程质量、安全、卫生及环境保护等方面的工程建设标准强制性条文,从而确立了强制性条文的法律地位。

2000 年版的强制性条文颁布以后,立即受到了工程界的高度重视,并作为工程建设执法的依据。近年来每年质量大检查和建筑市场专项治理中都把强制性条文作为重要依据,为保证和提高工程质量起到了根本性的作用。随着强制性条文的贯彻实施和工程建设标准化工作的深入开展,以及对强制性条文的深入研究和实践的检验,发现 2000 年版强制性条文(房屋建筑部分)还有一些不适应和不完善的地方,急需修订和完善。主要有两方面的情况:

第一,近年来,国家对标准化工作十分重视,加大了标准的编制力度,两年期间建设部将建筑工程领域中的勘察、设计、施工质量验收规范进行了全面修订,相继颁布了一系列新修订的规范,规范更新率达到了 42% ,一些新的强制性条文需要纳入,原来已经确定的强制性条文也发生了变化,有些内容已经修改,需要及时调整。

第二,在 2000 年版本的摘录过程中,由于没有现成的经验借鉴,一些摘录的条文还不尽合理,有些规定过细过杂,需要进行修订。

根据各方面的意见和反映,原建设部决定对 2000 年版的强制性条文(房屋建筑部分)进行修订。这项修订工作采取了区别于一般标准定制的程序和做法,积极借鉴国际上技术法规的制定程序和模式。首先,成立了工程建设标准强制性条文(房屋建筑部分)咨询委员会,咨询委员会成员由包括 6 位院士在内的 85 位专家组成,覆盖了政府机关、科研单位、高等院校、设计、施工、监督、监理等房屋建筑各个领域。其次,明确了修订的原则,严格按照保证质量、安全、人体健康、环境保护和维护公共利益的原则,将整个房屋建筑的强制性条文作为一个体系来编制,并考虑向技术法规过渡的可能性。咨询委员会在强制性条文修订过程中,广泛征求各方面的意见,进行反复研究和修改。他们将新标准中的强制性条文、保留标准的强制性条文以及近期将发布的强制性条文都进行了编制整理,并逐条审查,按照更科学、更严格的指导思想界定强制性条文。在体系框架和内容结构上,充分考虑其完整性和合理性,使得将来的技术法规能够在这个体系框架上逐步形成;在条文数量上既严格控制,又宽严适度,力争达到以较少的条文有效地控制质量和安全的作用。2002 年 8 月 30 日,原建设部建标〔2002〕219 号发布 2002 年版《工程建设标准强制性条文》(房屋建筑部分),自 2003 年 1 月 1 日起施行。

根据《建设工程质量管理条例》和《实施工程建设强制性标准监督规定》,原建设部组织《工程建设标准强制性条文》(房屋建筑部分)咨询委员会等有关单位,对2002年版强制性条文房屋建筑部分进行了修订。2009年版《工程建设标准强制性条文》,补充了2002年版《工程建设标准强制性条文》实施以后新发布的国家标准和行业标准(含修订项目,截止时间为2008年12月31日)的强制性条文,并经适当调整和修订而成。强制性条文在工程建设活动中发挥的作用日显重要,具体表现在以下几个方面:

(1)实施《工程建设标准强制性条文》是贯彻《建设工程质量管理条例》的一项重大举措,国务院发布的《建设工程质量管理条例》,是国家在市场经济条件下,为建立新的建设工程质量管理制度和运行机制作出的重要规定。《建设工程质量管理条例》对执行国家强制性标准作出了比较严格的规定,不执行国家强制性技术标准就是违法,就要受到相应的处罚。《建设工程质量管理条例》对国家强制性标准实施严格的监督规定,打破了传统的单纯依靠行政管理保证建设工程质量的观念,开始走上了行政管理和技术规范并重的保证建设工程质量的道路。

(2)编制《工程建设标准强制性条文》是推进工程建设标准体制改革所迈出的关键性的一步。工程建设标准化是国家、行业和地方政府从技术控制的角度,为建设市场提供运行规则的一项基础性工作,对引导和规范建设市场行为具有重要的作用。我国现行的工程建设标准体制是强制性和推荐性相结合的体制,这一体制是我国《标准化法》所规定的。在建立和完善社会主义市场经济体制和应对加入世界贸易组织的新形势下,需要进行改革和完善,需要与时俱进。世界上大多数国家对建设活动的技术控制,采取的是技术法规与技术标准相结合的管理体制。技术法规是强制性的,是把建设领域中的技术要求法治化,严格贯彻在工程建设实际工作中,不执行技术法规就是违法,就要受到法律的处罚,而没有被技术法规引用的技术标准可自愿采用。这套管理体制,由于技术法规的数量比较少、重点内容比较突出,因此执行起来也就比较明确,比较方便,不仅能够满足建设时运行管理的需要,还不会给建设市场的发展、技术的进步造成障碍,应当说,这对我国工程建设标准体制的改革具有现实的借鉴作用。但就目前而言,我国工程建设技术领域直接形成技术法规,按照技术法规与技术标准体制运作还需要有一个法律的准备过程,还有许多工作要做。为向技术法规过渡而编制的《工程建设标准强制性条文》,标志着启动了工程建设标准体制的改革,而且迈出了关键性的一步,今后通过对《工程建设标准强制性条文》内容的不断完善和改造,将会逐步形成我国的工程建设技术法规体系。

(3)强制性条文对保证工程质量、安全,规范建筑市场具有重要的作用。工程建设强制性标准是技术法规性文件,是工程质量管理的技术依据。我国从1999年开始的建设执法大检查,均将是否执行强制性标准作为一项重要内容。从检查组联合检查的情况来看,工程质量问题不容乐观。一些工程建设中发生的质量事故和安全事故,虽然表现形式和呈现的结果是多种多样的,但其中的一个重要原因都是违反标准的规定,特别是违反强制性标准的规定造成的。反过来,如果严格按照标准、规范、规程去执行,在正常设计、正常施工、正常使用的条件下,工程的安全和质量是能够得到保证的,不会出现桥垮屋塌的现象。今后,不论对人为原因造成的,还是对在自然灾害中垮塌的建设工程都要审查有关单位贯彻执行强制性标准的情况,对违规者要追究法律责任。只有严格贯彻执行强制性标准,才能保证建筑的使用寿命,才能使建筑经得起自然灾害的检验,才能确保人民的生命财产安全,才能使投资发挥最好的效益。

(4)制定和严格执行强制性标准是应对加入世界贸易组织的重要举措。我国加入世界贸易组织,对我们的各项制度和要求提出了新的要求。世界贸易组织为了消除贸易壁垒而制定的一系列协定,我们一般称为关税协定和非关税协定。技术贸易壁垒协议作为非关税协定的重要组成部分,将技术标准、技术法规和合格评定作为三大技术贸易壁垒。根据我国多次与世界贸易组织谈判的结果,我国制定的强制性标准与技术贸易壁垒协议所规定的技术法规是等同的,我国制定的推荐性标准与技术贸易壁垒协议所规定的技术标准是等同的。技术法规是政府颁布的强制性文件,是一个国家的主权体现,必须执行;技术标准是竞争的手段和自愿采用的,在中国境内从事工程建设活动的各个企业和个人必须严格执行中国的强制性标准。执行强制性标准既能保证工程质量安全、规范建筑市场,又能切实保护我们的民族工业,维护国家和人民的根本利益。

(5)2013年5月31日发布了2013版《工程建设标准强制性条文》。

**(二)常用建筑材料中有害物质限量**

1.建筑材料放射性元素限量

1)建筑主体材料

当建筑主体材料中天然放射性元素镭-226、钍-232、钾-40的放射性比活度同时满足内照射指数$I_{Ra} \leqslant 1.0$和外照射指数$I_{\gamma} \leqslant 1.0$时,其产销与使用范围不受限制。对于空心率大于25%的建筑主体材料,其天然放射性核素镭-226、钍-232、钾-40的放射性比活度同时满足$I_{Ra} \leqslant 1.0$和$I_{\gamma} \leqslant 1.3$时,其产销与使用范围不受限制。

2)装修材料

装修材料根据放射性水平大小划分为以下三类。

(1)A类装修材料。

装修材料中天然放射性核素镭-226、钍-232、钾-40的放射性比活度同时满足$I_{Ra} \leqslant 1.0$和$I_{\gamma} \leqslant 1.3$要求的为A类装修材料。A类装修材料产销与使用范围不受限制。

(2)B类装修材料。

不满足A类装修材料要求但同时满足$I_{Ra} \leqslant 1.3$和$I_{\gamma} \leqslant 1.9$要求的为B类装修材料。B类装修材料不可用于Ⅰ类民用建筑的内饰面,但可用于Ⅰ类民用建筑的外饰面及其他一切建筑物的内、外饰面。

(3)C类装修材料。

不满足A、B类装修材料要求但满足$I_{\gamma} \leqslant 2.8$要求的为C类装修材料。C类装修材料只可用于建筑物的外饰面及室外其他用途。

$I_{\gamma} > 2.8$的花岗石只可用于碑石、海堤、桥墩等人类很少涉足的地方。

2.室内装饰装修材料中有害物质限量

室内装饰装修材料人造板及其制品中甲醛释放量试验方法及限量值应符合表1-1的规定。室内装饰装修材料溶剂型木器涂料中有害物质限量值应符合表1-2的要求。

表 1-1　室内装饰装修材料人造板及其制品中甲醛释放量试验方法及限量值

| 产品名称 | 试验方法 | 限量值 | 使用范围 | 限量标志 |
|---|---|---|---|---|
| 中密度纤维板、高密度纤维板、刨花板、定向刨花板等 | 穿孔萃取法 | ≤9 mg/100 g | 可直接用于室内 | E1 |
| | | ≤30 mg/100 g | 必须饰面处理后可允许用于室内 | E2 |
| 胶合板、装饰单板贴面胶合板、细木工板等 | 干燥器法 | ≤1.5 mg/L | 可直接用于室内 | E1 |
| | | ≤5.0 mg/L | 必须饰面处理后可允许用于室内 | E2 |
| 饰面人造板（包括浸渍纸层压木质地板、实木复合地板、竹地板、浸渍胶膜纸饰面人造板等） | 气候箱法 | ≤0.12 mg/m³ | 可直接用于室内 | E1 |
| | 干燥器法 | ≤1.5 mg/L | | |

注：1. 仲裁时，采用气候箱法。

2. E1 为可直接用于室内的人造板，E2 为必须饰面处理后可允许用于室内的人造板。

表 1-2　室内装饰装修材料溶剂型木器涂料中有害物质限量值

| 项目 | | 限量值 | | |
|---|---|---|---|---|
| | | 硝基漆类 | 聚氨酯漆类 | 醇酸漆类 |
| 挥发性有机化合物（VOC）$^a$（g/L） ≤ | | 750 | 光泽（60°）≥80 600<br>光泽（60°）<80 700 | 550 |
| 苯$^b$（%） ≤ | | | 0.5 | |
| 甲苯和二甲苯总和$^b$（%） ≤ | | 45 | 40 | 10 |
| 游离甲苯二异氰酸酯$^c$（TDI）（%） ≤ | | — | 0.7 | — |
| 重金属（限色漆）（mg/kg） ≤ | 可溶性铅 | | 90 | |
| | 可溶性镉 | | 75 | |
| | 可溶性铬 | | 60 | |
| | 可溶性汞 | | 60 | |

注：a. 按产品规定的配比和稀释比例混合后测定。如稀释剂的使用量为某一范围时，应按照推荐的最大稀释量稀释后进行测定。

b. 如产品规定了稀释比例或产品由双组分或多组分组成时，应分别测定稀释剂和各组分中的含量，再按产品规定的配比计算混合后涂料中的总量。如稀释剂的使用量为某一范围时，应按照推荐的最大稀释量稀释进行计算。

c. 如聚氨酯漆类规定了稀释比例或由双组分或多组分组成时，应先测定固化剂（含甲苯二异氰酸酯预聚物）中的含量，再按产品规定的配比计算混合后涂料中的总量。如稀释剂的使用量为某一范围时，应按照推荐的最小稀释量进行计算。

3. 混凝土外加剂中释放氨的限量

混凝土外加剂中释放氨的量≤0.10%（质量分数）。

4. 室内装饰装修材料内墙涂料中有害物质限量

室内装饰装修材料内墙涂料中有害物质限量值应符合表 1-3 的要求。

表 1-3 室内装饰装修材料内墙涂料中有害物质限量值

| 项目 | | 限量值 |
|---|---|---|
| 挥发性有机化合物(VOC)(g/L) | ≤ | 200 |
| 游离甲醛(g/kg) | ≤ | 0.1 |
| 重金属(mg/kg) | 可溶性铅 ≤ | 90 |
| | 可溶性镉 ≤ | 75 |
| | 可溶性铬 ≤ | 60 |
| | 可溶性汞 ≤ | 60 |

5. 室内装饰装修溶剂型胶粘剂中有害物质限量

室内装饰装修溶剂型胶粘剂中有害物质限量值应符合表1-4的规定。

表 1-4 室内装饰装修溶剂型胶粘剂中有害物质限量值

| 项目 | | 指标 | | |
|---|---|---|---|---|
| | | 橡胶胶粘剂 | 聚氨酯类胶粘剂 | 其他胶粘剂 |
| 游离甲醛(g/kg) | ≤ | 0.5 | — | — |
| 苯(g/kg) | ≤ | 5 | | |
| 甲苯 + 二甲苯(g/kg) | ≤ | 200 | | |
| 甲苯二异氰酸酯(g/kg) | ≤ | — | 10 | — |
| 总挥发性有机物(g/L) | ≤ | 750 | | |

注:苯不能作为溶剂使用,作为杂质其最高含量不得大于 5 g/kg。

6. 水基型胶粘剂中有害物质限量

水基型胶粘剂中有害物质限量值应符合表1-5的规定。

表 1-5 水基型胶粘剂中有害物质限量值

| 项目 | | 指标 | | | | |
|---|---|---|---|---|---|---|
| | | 缩甲醛类胶粘剂 | 聚乙酸乙烯酯胶粘剂 | 橡胶类胶粘剂 | 聚氨酯类胶粘剂 | 其他胶粘剂 |
| 游离甲醛(g/kg) | ≤ | 1 | 1 | 1 | — | 1 |
| 苯(g/kg) | ≤ | 0.2 | | | | |
| 甲苯 + 二甲苯(g/kg) | ≤ | 10 | | | | |
| 总挥发性有机物(g/L) | ≤ | 50 | | | | |

7. 室内装饰装修材料壁纸中有害物质限量

室内装饰装修材料壁纸中有害物质限量值应符合表1-6的规定。

表 1-6　室内装饰装修材料壁纸中的有害物质限量值

| 有害物质名称 | | 限量值（mg/kg） |
|---|---|---|
| 重金属（或其他）元素 | 钡 | ≤1 000 |
| | 镉 | ≤25 |
| | 铬 | ≤60 |
| | 铅 | ≤90 |
| | 砷 | ≤8 |
| | 汞 | ≤20 |
| | 硒 | ≤165 |
| | 锑 | ≤20 |
| 氯乙烯单体 | | ≤1.0 |
| 甲醛 | | ≤120 |

8. 室内装饰装修材料聚氯乙烯卷材地板中有害物质限量

卷材地板聚氯乙烯层中氯乙烯单体含量应不大于 5 mg/kg；不得使用铅盐助剂；作为杂质，卷材地板中可溶性铅含量应不大于 20 mg/m²；卷材地板中可溶性镉含量应不大于 20 mg/m²；室内装饰装修材料卷材地板中挥发物的限量值见表 1-7。

表 1-7　室内装饰装修材料卷材地板中挥发物的限量值

| 发泡类卷材地板中挥发物的限量值（g/m²） | | 非发泡类卷材地板中挥发物的限量值（g/m²） | |
|---|---|---|---|
| 玻璃纤维基材 | 其他基材 | 玻璃纤维基材 | 其他基材 |
| ≤75 | ≤35 | ≤40 | ≤10 |

## 阅读资料　《建设工程质量管理条例》节选

《建设工程质量管理条例》中有关建筑材料质量的条款：

第八条　建设单位应当依法对工程建设项目的勘察、设计、施工、监理以及与工程建设有关的重要设备、材料等的采购进行招标。

第十四条　按照合同约定，由建设单位采购建筑材料、建筑构配件和设备的，建设单位应当保证建筑材料、建筑构配件和设备符合设计文件和合同要求。建设单位不得明示或者暗示施工单位使用不合格的建筑材料、建筑构配件和设备。

第十六条　建设单位收到建设工程竣工报告后，应当组织设计、施工、工程监理等有关单位进行竣工验收。建设工程竣工验收应当具备下列条件：

（1）完成建设工程设计和合同约定的各项内容；

（2）有完整的技术档案和施工管理资料；

（3）有工程使用的主要建筑材料、建筑构配件和设备的进场试验报告；

（4）有勘察、设计、施工、工程监理等单位分别签署的质量合格文件；

（5）有施工单位签署的工程保修书。建设工程经验收合格的，方可交付使用。

第二十二条　设计单位在设计文件中选用的建筑材料、建筑构配件和设备,应当注明规格、型号、性能等技术指标,其质量要求必须符合国家规定的标准。除有特殊要求的建筑材料、专用设备、工艺生产线等外,设计单位不得指定生产厂、供应商。

第二十九条　施工单位必须按照工程设计要求、施工技术标准和合同约定,对建筑材料、建筑构配件、设备和商品混凝土进行检验,检验应当有书面记录和专人签字;未经检验或者检验不合格的,不得使用。

第三十一条　施工人员对涉及结构安全的试块、试件以及有关材料,应当在建设单位或者工程监理单位监督下现场取样,并送具有相应资质等级的质量检测单位进行检测。

第三十六条　工程监理单位应当依照法律、法规以及有关技术标准、设计文件和建设工程承包合同,代表建设单位对施工质量实施监理,并对施工质量承担监理责任。未经监理工程师签字,建筑材料、建筑构配件和设备不得在工程上使用或者安装,施工单位不得进行下一道工序的施工。未经总监理工程师签字,建设单位不拨付工程款,不进行竣工验收。

第六十五条　违反本条例规定,施工单位未对建筑材料、建筑构配件、设备和商品混凝土进行检验,或者未对涉及结构安全的试块、试件以及有关材料取样检测的,责令改正,处10万元以上20万元以下的罚款;情节严重的,责令停业整顿,降低资质等级或者吊销资质证书;造成损失的,依法承担赔偿责任。

# 小　结

本章介绍了建筑材料的分类,选用、采购环节确保建筑材料质量的规定,建筑材料相关技术标准,全面系统地阐述了材料生产管理和材料标准的相关知识,是材料员上岗前应掌握的入门知识。

# 习　题

1. 建筑材料是一切建筑工程的物质基础,主要表现在哪三个方面?
2. 按化学成分分类,建筑材料分为几类,分别是什么材料?
3. 我国建筑材料技术标准分为几级,分别是什么标准?
4. 按采购建筑材料的重要程度分类,建筑材料分为几类,并说明 A 类材料主要包括哪些?

# 第二章　材料的招标和合同管理

【学习目标】

通过本章的学习,要求了解建设项目的招标,工程招标的种类,熟悉招标工作的程序,掌握建筑材料采购合同的基本内容。

## 第一节　建设项目的招标

### 一、建设项目的招标概述

#### (一)招标的概念

招标是指招标人(买方)发出招标通知,说明采购的商品名称、规格、数量及其他条件,邀请投标人(卖方)在规定的时间、地点按照一定的程序进行投标的行为。

#### (二)招标的分类

根据招标方式的不同,招标分为公开招标、邀请招标。

1. 公开招标

公开招标,又叫竞争性招标,是指招标人以招标公告的方式邀请不特定的法人或者其他组织投标。即由招标人在报刊、电子网络或其他媒体上刊登招标公告,吸引众多企业单位参加投标竞争,招标人从中择优选择中标单位的招标方式。按照竞争程度,公开招标可分为国际竞争性招标和国内竞争性招标。

2. 邀请招标

邀请招标,也称为有限竞争招标,是由招标人选择若干供应商或承包商,向其发出投标邀请,由被邀请的供应商、承包商投标竞争,从中选定中标者的招标方式。邀请招标的特点是:邀请招标不使用公开的公告形式,接受邀请的单位才是合格投标人,投标人的数量有限。

#### (三)招标项目的标准

必须招标的工程建设项目范围:在中华人民共和国境内进行下列工程建设项目包括项目的勘察、设计、施工、监理以及与工程建设有关的重要设备、材料等的采购,必须进行招标:

(1)大型基础设施、公用事业等关系社会公共利益、公众安全的项目;

(2)全部或者部分使用国有资金投资或者国家融资的项目;

(3)使用国际组织或者外国政府贷款、援助资金的项目。

1. 关系社会公共利益、公众安全的公用事业项目的范围

(1)供水、供电、供气、供热等市政工程项目;

(2)科技、教育、文化等项目;

(3)体育、旅游等项目;

(4)卫生、社会福利等项目;

(5)商品住宅,包括经济适用住房;

(6)其他公用事业项目。

2.使用国有资金投资项目的范围

(1)使用各级财政预算资金的项目;

(2)使用纳入财政管理的各种政府性专项建设基金的项目;

(3)使用国有企业、事业单位自有资金,并且国有资产投资者实际拥有控制权的项目。

3.国家融资项目的范围

(1)使用国家发行债券所筹资金的项目;

(2)使用国家对外借款或者担保所筹资金的项目;

(3)使用国家政策性贷款的项目;

(4)国家授权投资主体融资的项目;

(5)国家特许的融资项目。

4.使用国际组织或者外国政府资金项目的范围

(1)使用世界银行、亚洲开发银行等国际组织贷款资金的项目;

(2)使用外国政府及其机构贷款资金的项目;

(3)使用国际组织或者外国政府援助资金的项目。

**(四)必须招标项目的规模标准**

《工程建设项目招标范围和规模标准规定》规定的上述各类工程建设项目,包括项目的勘察、设计、施工、监理以及与工程建设有关的重要设备、材料等的采购,达到下列标准之一的,必须进行招标:

(1)施工单项合同估算价在200万元人民币以上的;

(2)重要设备、材料等货物的采购,单项合同估算价在100万元人民币以上的;

(3)勘察、设计、监理等服务的采购,单项合同估算价在50万元人民币以上的;

(4)单项合同估算价低于第(1)、(2)、(3)项规定的标准,但项目总投资额在3 000万元人民币以上的。

# 二、建设项目招标的程序和方式

**(一)招标程序**

1.政府采购的招标程序

(1)采购人编制计划,报政府财政厅采购办审核;

(2)采购办与招标代理机构办理委托手续,确定招标方式;

(3)进行市场调查,与采购人确认采购项目后,编制招标文件;

(4)发布招标公告或发出招标邀请函;

(5)出售招标文件,对潜在投标人进行资格预审;

(6)接受投标人标书;

(7)在公告或邀请函中的规定时间、地点公开开标;

(8)由评标委员对投标文件评标;

（9）依据评标原则及程序确定中标人；

（10）向中标人发送中标通知书；

（11）组织中标人与采购单位签订合同；

（12）进行合同履行的监督管理，解决中标人与采购单位的纠纷。

2. 工程施工公开招标的一般程序

（1）建设工程项目报建；

（2）审查建设单位资质；

（3）招标申请；

（4）资格预审文件、招标文件的编制和送审；

（5）工程标底价格的编制；

（6）发布招标通告；

（7）审查单位资格；

（8）招标文件；

（9）勘察现场；

（10）招标预备会；

（11）投标文件管理；

（12）工程标底价格的报审；

（13）开标；

（14）评标；

（15）决标；

（16）签订合同。

**（二）招标方式**

招标工作的方式有两种，一种是业主自行组织，另一种是招标代理机构组织。业主具备编制招标文件和组织评标能力的，可以自行办理招标事宜。不具备的，招标人有权自行选择招标代理机构，委托其办理招标事宜。招标代理机构是依法设立从事招标代理业务并提供服务的社会中介组织。

1. 委托招标

按照我国《招标投标法》的规定：招标人有权自主选择招标代理机构，不受任何单位和个人的影响与干预。招标人和招标代理机构的关系是委托代理关系。招标代理机构应当与招标人签订书面委托合同，在委托范围内，以招标人的名义组织招标工作和完成招标任务。

2. 自行招标

自行招标是指招标人依靠自己的能力，依法自行办理和完成招标项目的招标任务。

自行招标要求招标人具备编制招标文件和组织评标能力，并采取事前监督和事后管理的方式进行监管。事前监督要求招标人向项目主管部门上报具有自行招标条件的书面材料，由主管部门对自行招标书面材料进行核准。事后管理主要体现在要求招标人提交招标投标情况的书面报告。

### 三、建筑材料招标的工作机构及程序

#### (一)施工项目部大宗材料采购招标程序

(1)材料采购要依据施工图、施工组织设计、设计变更通知单和施工图预算等要求,报项目经理部有关领导审批后实施。

(2)在材料采购业务、经营活动中要严格按照采购控制程序要求进行,组成项目采购招标小组或委托招标代理机构组织招标。

(3)材料人员必须具有授权或委托证明书。

#### (二)招标程序

1. 编制招标文件

投标邀请函包括标的用途、数量,获取招标文件的方法及时间,使用地点及环境情况等内容。

1)一般要求

招标文件包括招标人要求、投标人提供的企业营业执照、法人代码证、法定代表人证书(或委托代理人证书)、产品生产许可证、质量体系认证证书、售后服务承诺书,还包括提交投标文件的数量及提交方式、地点、截止时间及开标、评标、定标的时间安排。

2)标的内容及要求

包括物资名称、规格型号、性能、数量、技术参数、执行标准。

3)其他需要说明的事项

(1)考核并选择厂家及代理商。

(2)了解生产厂家生产经营情况、价格、性能、质量、配置、售后服务等情况,通过市场调研、技术交流,选择邀请投标单位。

(3)以招标文件为依据,制定评分标准,根据综合评价的各种因素设定商务条款、产品性能、产品质量、产品价格、付款条件、售后服务等评分项目。

(4)按招投标程序进行开标、评标,投标人对投标文件进行陈述解释,并进行答疑。

(5)对投标文件进行审查。依评分标准进行评标打分,填写评分汇总表,按得分高低推荐为中标候选单位。

(6)对提供物资的供方,应成立不少于 5 人的评价小组,对供方满足质量保证要求的能力进行评价。

2. 评标、开标

(1)标书必须按照投标文件中规定的时间送达接收处,项目经理部同时填制"物资招标采购登记表",超过规定时间仍未送达的标书视为无效标书,不再接收。标书送达后 24 小时内必须由该项目招标负责人组织开标,开标时必须有 3 个(或以上)部门主管同时在场,由开标负责人填写开标情况汇总表,各部门经办人签字确认。

(2)招标工作组向中标单位发出中标通知,将未中标情况通知其他投标单位。

3. 签订采购合同

投标人在接到中标通知书后要在规定的时间内和招标人签订合同。中标人应该依据投标书中的承诺和招标文件上的要求签订合同、履行职责。若有其他异议,需双方协商、达成一致。

## 四、标价的计算与确定

评标工作由招标单位组织的评标委员会秘密进行。评标委员会应具有一定的权威性，一般由招标单位邀请有关的技术、经济、合同等方面的专家组成。为了保证评标的科学性和公正性，评标委员会成员由 5 人以上的单数人员组成，其中的技术、经济专家不得少于总人数的 2/3。不得邀请与投标人有直接经济业务关系的人员参加。评标过程中有关评标情况不得向投标人或与招标工作无关的人员透露。凡招标申请公证的，评标过程应在公证部门的监督下进行，招标授标管理机构派人参加评标会议，对评标活动进行监督。设备、材料招标的评标工作一般不超过 10 天，大型项目设备承包的评标工作最多不超过 30 天。评标过程中，如有必要，可请投标人对其投标内容作澄清解释，澄清时不得对投标内容作实质性修改。澄清解释内容必要时可作局部纪要，经投标单位授权代表签字后，作为投标文件的组成部分。机电设备采购的评标不仅要看采购时所报的现价是多少，还要考虑设备在使用寿命期内投入的运营和管理费的高低。尽管投标人所报的货物价格较低，但运营费很高时仍不符合业主以最合理的价格采购的原则。

**（一）评标主要考虑的因素**

（1）投标价。投标人的报价，既包括生产制造的出厂价格，还包括他所报的安装、调试、协作等售后服务的价格。

（2）运输费。包括运费、保险费和其他费用，如超大件运输时对道路、桥梁加固所需的费用等。

（3）交付期。以招标文件中规定的交货期为标准，如投标书中所提出的交货期早于规定时间，一般不给予评标优惠，因为当还不需要施工时要增加业主的仓储管理费和货物的保养费。如果迟于规定的交货日期，但推迟日期尚在可以接受的范围之内，则在评标时应考虑这一因素。

（4）设备的性能和质量。主要比较设备的生产效率和适应能力，还应考虑设备的运营费用，即设备的燃料、原材料消耗、维修费用和所需运行人员费等。如果设备的性能超过招标文件的要求，使业主得到收益，评标时也应将这一因素予以考虑。

（5）备件价格。对于各类备件，特别是易损备件，考虑在两年内取得的途径和价格。

（6）支付要求。合同规定了购买货物的付款条件，如果标书中投标人提出了付款的优惠条件或其他的支付要求，尽管与招标文件规定偏离，但业主可以接受，也应在评标时加以计算和比较。

（7）售后服务。包括可否提供备件、进行维修服务，以及安装监督、调试、人员培训等可能性和价格。

（8）其他与招标文件偏离或不符合的因素等。

**（二）设备、材料采购的评标方法**

设备、材料采购的评标方法通常有低价投标法、综合评标价法、以寿命周期成本为基础的评标价法及打分法等几种形式。

1. 低价投标法

采购简单商品、半成品、原材料，以及其他性能质量相同或容易进行比较的货物时，价格可以作为评标时考虑的唯一因素，以此作为选择中标单位的尺度。国内生产的货物，报价应为出厂价,出厂价包括为生产所提供的货物购买的原材料和支付的费用,以及各种税款,但不包括货物售出后所征收的销售税及其他类似税款。如果所提供的货物是投标人早已从国外进口、目前已在国内的,则应报仓库交货价或展室价,该价格应包括进口货物时所交付的进口关税,但不包括销售税。

### 2. 综合评标价法

综合评标价法是指以报价为基础,将其他评标时所考虑的因素也折算为一定价格而加到投标价上去计算评标价,然后以各评标价的高低决出中标人。采购机组、车辆等大型设备时大多采用这种方法。一般还要考虑运输费用,交货期付款条件和售后服务,设备性能和生产能力等条件。

### 3. 以寿命周期成本为基础的评标价法

在采购生产线、成套设备等运行期内各种后续费用(零配件、油料及燃料、维修等)很高的货物时,可采用以设备的寿命周期成本为基础的评标价法。评标时,应先确定一个统一的设备运行期,然后根据各标书的实际情况,在标书报价中加上一定年限运行期间所发生的各项费用,再减去一定年限运行期后的设备残值(扣除这几年折旧费后的设备剩余值)。在计算各项费用或残值时,都应按招标文件中规定的贴现率折算成现值。这种方法是在综合评标价法的基础上,进一步加上运行期内的费用,这些以贴现值计算的费用包括估算寿命期内所需的燃料费、估算寿命期内所需零件及维修费用。零配件费用可以采用投标人在技术规范的答复中提供的担保数字,或过去已用过可作参考的类似设备实际消耗数据及估算寿命期末的残值三个部分为基础,并以运行时间来计算。

### 4. 打分法

打分法是指评标前将各评分因素按其重要性确定评分标准,按此标准对各投标人提供的报价和各种服务进行打分,得分最高者中标。采用打分法时,首先要确定各种因素所占的比例,再以计分评标。下面是世界银行贷款项目通常采用的分值:

| | |
|---|---|
| 投标价 | 65～70 分 |
| 零配件价格 | 0～10 分 |
| 技术性能、维修、运行费 | 0～10 分 |
| 售后服务 | 0～5 分 |
| 标准备件等 | 0～5 分 |
| 总计 | 100 分 |

打分法简便易行,能从难以用金额表示的各个标书中,将各种因素量化后进行比较,从中选出最好的投标。但其缺点是各评标人独立给分,对评标人的水平和知识面要求高,否则主观随意性较大。另外,难以合理确定不同技术性能的有关分值和每一性能应得的分数,有时会忽视一些重要的指标。若采用打分法评标,评分因素和各个因素的分数分配均应在招标文件中说明。

评标定标以后,招标单位应尽快向中标单位发出中标通知,同时通知其他未中标单位。中标单位从接到中标通知书之日起,一般应在 30 日内与需方签订设备、材料供货合同。如果中标单位拒签合同,则投标保证金不予退还;招标单位拒签合同,则按中标总价2%的款额赔偿中标单位的经济损失。合同签订后 10 日内,由招标单位将一份合同副本报招标投标管理部门备案,以便实施监督。

随着建筑材料采购规模的不断扩大、采购范围的不断拓展,参与建筑材料采购的供应商也日益增多,各地评标基准价的确定不尽相同。有些地方是根据投标报价的算术平均值或加权平均值确定的。对投标报价进行平均时,应舍去非正常的投标报价,减少其对报价平均值的影响,使报价平均值作为评标基准价更具有代表性。最高或最低报价高于或低于次高或次低报价一定百分比时,不参与评标基准价的计算;规定报价平均值上下一定的百分率,超出此限的报价舍去,不参与评标基准价的计算。

在确定评标基准价时,招标人可以提出自己的报价,此报价可参与评标基准价的修正,也可仅仅作为投标控制价来确定投标人的报价是否有效。招标人的报价确定方法如下:

(1)询价信息员必须经常分析或收集资料,了解市场价格波动情况,以此作为议价的依据。

(2)价格调查,询价信息员有责任向供应商索取详细的价格资料,同时通过其他途径收集相关物资价格信息,建立价格体系,确保采购价格的合理性。

(3)询价完成后,采购部门在"采购物资订单价格表"中填上供应商资料(附上供应商的营业执照副本复印件、开户银行账号、税证号码)、物资规格及询价结果,作为招标控制价。

在确定招标控制价时还要遵循以下原则:

(1)成本测算原则。招标前,物料控制部门要对招标物料进行市场和成本分析,对其原材料及加工、制造成本进行测算。

(2)目标价格拟定原则。按以下公式拟定目标价格:

$$目标价格 = 供应商完全成本 + 小于等于 5\% 利润$$

(3)保密原则。设定的目标价格应保密,不向投标单位公开。

(4)供货比例调整原则。中标方的供货比例分配为意向比例,公司可根据实际情况进行月度比例调整(原则上按该中标比例安排,若质量保证体系审核不达标、供货质量出现重大质量问题等,公司可相应调整该月的供货比例)。

# 第二节　合同与合同管理

## 一、合同的概述

合同是最古老的法律形式。合同(Contract)也叫契约,是平等主体的公民法人、其他组织之间设立变更、终止债权债务关系的协议。依法成立的合同,对当事人具有法律约束力,并受法律保护。

**(一)合同的法律基础**

(1)合同是一种民事法律行为,当事人法律地位平等;

(2)合同是当事人之间意思表示一致的协议;

(3)合同是当事人平等协商的法律行为,遵循公平和诚实信用原则;

(4)合同当事人依法享有自愿订立合同的权利。

**(二)合同法适用的合同种类**

(1)买卖合同;

(2)供用电(水、气、热力)合同;

（3）赠与合同；

（4）借款合同；

（5）租赁合同；

（6）融资租赁合同；

（7）承揽合同；

（8）建设工程合同；

（9）运输合同；

（10）技术合同；

（11）保管合同；

（12）仓储合同；

（13）委托合同；

（14）行纪合同；

（15）居间合同。

**（三）合同的形式**

合同采取怎样的形式一般不由当事人决定，而是由法律规定，法律规定某些合同的形式可由当事人决定时，当事人才能自由选择。我国目前关于合同的形式规定如下：

（1）口头形式：口头交谈、电话交谈而订立的合同。

（2）书面形式：合同书、信件以及数据电文形式。

（3）其他形式：通常为推定形式，如自动柜员售货。

**（四）合同的主要条款**

格式条款是指当事人为重复使用而预先拟定并在订立合同时未与对方协商的条款。

合同的主要条款是指合同的主要内容，是明确当事人双方权利、义务以及经济责任的根据，由当事人约定，一般包括：

（1）当事人的名称或者姓名和住所；

（2）标的；

（3）数量和质量；

（4）价款或者报酬；

（5）履行期限、地点和方式；

（6）违约责任；

（7）解决争议的方法。


## 二、合同的订立与效力

**（一）合同的订立**

合同的订立是指合同双方当事人依法就合同条款经协商一致达成协议的法律行为。当事人可以依法委托代理人订立合同。

（1）合同订立的程序：合同的订立是合同成立并得以履行的前提。当事人不管用哪种形式签订合同，合同的订立都要经过两个法律步骤才能完成，即要约与承诺。

①要约。合同一方（要约方）当事人向对方（受要约方）明确提出签订材料采购合同的主要条款，以供对方考虑。要约通常采用书面或口头形式。

②承诺。对方(受要约方)对他方(要约方)的要约表示接受,即承诺。对合同内容完全同意,合同即可签订。

③反要约。一方对他方的要约要增减或修改,则不能认为承诺,叫做反要约,经供需双方反复协商取得一致意见,达成协议,合同即告成立。

(2)订立合同过程中对当事人双方的法律约束。

## (二)合同的效力

合同的效力是指已成立的合同对合同当事人的法律约束力。

1. 有效的合同

有效的合同是指依法成立的合同,自合同成立时起产生法律效力,但法律、法规另有规定的除外,凡是合法的合同即是有效的合同;合法的合同要件:主体合法(有主体资格和相应行为能力)、标的合法(禁止流通物不可作为标的)、内容合法(双方权利义务公平、不违法)、形式与程序合法(符合法定形式和程序)。合同生效要件:合同主体具有相应的民事权利能力和民事行为能力、意思表示真实、合同的内容不得违反法律和损害国家利益或社会公共利益、订立合同的程序和形式合法(包括办理法定的登记、审批手续)。

2. 无效的合同及其处理

无效的合同是指法律不予承认和保护,没有法律效力,不能产生行为人预期后果的合同。无效的合同从订立的时候起就没有法律效力。

无效的合同分为部分无效的合同与全部无效的合同。若合同部分无效不影响其余部分效力的,其余部分仍然有效。

3. 可撤销的合同及其处理

可撤销的合同是指合同当事人依据法律规定的理由可以请求法院或仲裁机构撤销已签订的合同,使合同从起始归于无效,可撤销的合同与无效的合同相似,其结果都是合同无效,但两者无效的原因不同。可撤销的合同基于以下三种情形之一:当事人对合同内容有重大误解;合同内容显失公平;以欺诈、胁迫或乘人之危订立的合同。

# 三、合同的履行与担保

## (一)合同履行的概念

合同履行是指当事人按照合同规定完成承担的义务的行为。当事人履行了全部义务叫全部履行,当事人履行了部分义务叫部分履行。合同的履行以合同有效为前提和依据。

## (二)合同履行的原则

合同履行的原则包括以下3个方面。

(1)实际履行原则:指按照合同规定的标的履行。

(2)全面履行原则:指当事人除按照合同规定的标的,还要按合同规定的数量、质量、履行期限、履行地点、履行方式等全面完成承担的义务。

(3)协作履行原则:指当事人双方不仅各自应当严格履行自己的义务,而且应当尽量协助对方履行其义务,在整个履行过程中贯彻互助协作精神。

## (三)合同的担保

合同的担保方式包括保证、抵押、质押、留置、定金。

1. 保证

保证是指保证人和债权人约定,当债务人不履行债务时,保证人按照约定履行债务或者承担责任的行为。保证分为一般保证和连带责任保证。

(1)一般保证:即当事人在保证合同中约定,债务人不能履行债务时,由保证人承担补充责任的保证。一般保证中的保证债务兼有从属性和补充性,保证人享有先诉(检索)抗辩权。但有下列情形之一的,保证人不得行使前款规定的权利:①债务人住所变更,致使债权人要求其履行债务发生重大困难的;②人民法院受理债务人破产案件,中止执行程序的;③保证人以书面形式放弃前款规定的权利的。

(2)连带责任保证:即当事人在保证合同中约定保证人与债务人对债务承担连带责任的保证。连带责任保证具有从属性,但不具有补充性。

保证人的资格:具有代为清偿债务能力的法人、其他组织或者公民,可以作保证人。国家机关不得为保证人,但经国务院批准为使用外国政府或者国际经济组织贷款进行转贷的除外。学校、幼儿园、医院等以公益为目的的事业单位、社会团体不得为保证人。企业法人的分支机构、职能部门不得为保证人。企业法人的分支机构有法人书面授权的,可以在授权范围内提供保证。

2. 抵押

抵押是指债务人或者第三人不转移对财产的占有,将该财产作为债权的担保,当债务人不履行合同时,债权人有权依法以该财产折价或者以拍卖、变卖该财产的价款优先受偿。提供财产的债务人或第三人为抵押人,债权人为抵押权人。

可以作为抵押物的财产:

(1)抵押人所有的房屋和其他地上定着物;

(2)抵押人所有的机器、交通运输工具和其他财产;

(3)抵押人依法有权处分的国有土地使用权,房屋和其他地上定着物;

(4)抵押人依法有权处分的国有的机器、交通运输工具和其他财产;

(5)抵押人依法承包并经发包方同意抵押的荒山、荒沟、荒丘、荒滩等荒地的土地使用权等;

(6)依法可以抵押的其他财产。

不得设定抵押物的财产:

(1)土地所有权;

(2)耕地、宅基地、自留山等集体所有的土地使用权,但依法可以抵押的除外,如乡村企业厂房占用的土地使用权,依法可以与地上厂房同时抵押;

(3)学校、幼儿园、医院等以公益为目的的事业单位、社会团体的教育设施、医疗卫生设施和其他社会公益设施;

(4)所有权、使用权不明或有争议的财产;

(5)依法被查封、扣押、监管的财产;

(6)依法不得抵押的其他财产。

3. 质押

质押是指债务人或第三人将其财产或财产权利移交债权人占有作为债权担保的行为。转移占有的财产或财产权利为质物,提供质物的债务人或第三人为出质人,债权人为质权人。债务人不履行债务时,债权人有权以质物折价或以拍卖、变卖质物的价款优先受偿。

质押包括动产质押和权利质押。

4.留置

留置是指债权人因保管合同、运输合同、加工承揽合同依法占有债务人的动产,在债权未能如期获得清偿前,留置该动产作为债权的担保。

(1)债权人须合法占有债务人的财产;

(2)该财产须与合同有关;

(3)债务已届清偿期;

(4)不违反约定;

(5)留置担保的范围包括主债权及利息、违约金、损害赔偿金,留置物保管费用和实现留置权的费用。

5.定金

定金是指根据法律的规定或合同约定,为保障合同履行,一方当事人在合同履行前先行支付给对方一定数额的货币,定金应当以书面形式约定,当事人在定金合同中应当约定交付定金的期限。定金合同从实际交付定金之日起生效。定金的数额由当事人约定,但不得超过主合同标的额的20%。给付定金的一方不履行约定的债务的,无权要求返还定金;收受定金的一方不履行约定的债务的,应当双倍返还定金。

## 四、合同的变更、转让与终止

### (一)合同的变更

合同的变更是指对合同内容即合同条款的补充、删除、更改,是当事人权利义务关系的变更,不包括合同主体变更的内容。合同成立后,当事人应当按照合同的约定履行合同。任何一方未经对方同意,都不得改变合同内容。当事人协商一致可以变更合同。合同变更后当事人按变更后的条款履行合同。当事人对合同变更的内容约定不明确的,推定为未变更,原合同继续有效。

### (二)合同的转让

合同的转让是指合同主体的变更,是合同成立之后,当事人一方将合同的权利和义务全部或部分转移于第三人的法律行为。债权人转让权利的,应当通知债务人。未经通知,该转让对债务人不发生法律效力;债务人转移债务的,应经债权人同意;否则,债权人有权拒绝第三人向其履行债务。当事人一方经对方同意,可以将自己在合同中的权利和义务一并转让给第三人。

不得转让的权利:

(1)根据合同性质不得转让(如与特定人身相联系);

(2)按照当事人约定不得转让;

(3)依照法律规定不得转让。

### (三)合同的终止

合同法律关系因某种法律事实的出现而归于消灭,称为合同的终止。有下列情形之一的,合同终止:

(1)债务已经按照约定履行;

（2）合同被解除；

（3）债务相互抵销；

（4）债务人依法将标的物提存；

（5）债权人免除债务；

（6）债权债务同归于一人；

（7）法律规定或双方约定终止的其他情形。

## 五、违约责任承担与争议处理

### （一）违约责任

违约责任，是指合同的当事人一方或双方不履行或者不完全履行合同时，依照法律规定或合同约定所必须承担的法律责任。

### （二）违约行为形态

违约行为形态包括实际违约和预期违约。

1. 实际违约

实际违约是指事实上已经发生的不履行合同或不适当履行合同的情形。不适当履行包括不完全履行、迟延履行、瑕疵给付、加害给付、地点不当、方式不当等。不履行包括拒绝履行和根本违约。

2. 预期违约

当事人一方明确表示或者以自己的行为表明不履行合同义务的，对方可以在履行期限届满之前要求其承担违约责任。

### （三）承担违约责任的条件

（1）当事人有违约行为；

（2）当事人有主观过错；

（3）当事人虽无过错，法律规定承担责任的，违约方也要承担无过错违约责任；

（4）违约行为与守约方的损失之间有直接的因果关系。

### （四）承担违约责任的方式

（1）支付违约金；

（2）支付赔偿金；

（3）继续履行；

（4）返还定金；

（5）采取补救措施。

### （五）违约免责条件

（1）当事人因不可抗力事件造成违约的不承担违约责任，但法律另有规定的除外。

（2）当事人因不可抗力事件不能履行合同的，应当立即通知对方，否则使对方损失扩大的部分，承担法律责任。

（3）当事人迟延履行后发生不可抗力的，不能免除责任。

（4）双方约定的免责条件出现时可免责。

### （六）争议处理

双方履约过程有可能发生争议，由于买卖双方之间是一种平等互利合作关系，所以一旦发生争议,首先应通过友好协商方式解决,以利于保护商业秘密和企业声誉。如果协商不成,则当事人可按照合同约定或争议情况采用调解、仲裁或诉讼方式解决争议。

**1. 调解**

由双方当事人自愿将争议提交选定调解机构(法院、仲裁机构或专门调解机构),由该机构按调解程序进行调解,若调解成功,双方应签订调解协议,作为一种新契约予以执行,若调解意见不为双方或一方接受,则该意见对当事人无约束,调解即告失败。

**2. 仲裁**

双方当事人达成书面协议,自愿把争议提交给双方同意的仲裁机构,仲裁机构作出裁决终局,对双方都有约束力。

仲裁方式具有解决争议时间短、费用低、能为当事人保密、裁决有权威性、异国执行力方便等优点。

**3. 诉讼**

一方当事人向法院起诉,控告合同另一方,一般要求法院判另一方当事人以赔偿经济损失或支付违约金方式承担违约责任,也有要求对方实际履行合同义务。诉讼是当事人单方面行为,只要法院受理,另一方就必须应诉,但诉讼方式缺点在于立案时间长、诉讼费用高、异国法院判决未必公正。

# 第三节　建设与市政工程施工合同示范文本及材料采购合同样本

施工合同文本的结构包括三部分:第一部分,协议书;第二部分,通用条款;第三部分,专用条款。并包含三个附件,附件1:承包人承揽工程项目一览表;附件2:发包人供应材料设备一览表;附件3:房屋建筑工程质量保修书。

## 一、施工合同示范文本中双方权利与义务、控制与管理性条款

### (一)施工合同示范文本中双方一般权利与义务的条款

施工合同示范文本中双方一般权利与义务的条款如下。

**5　工程师**

5.1　实行工程监理的,发包人应在实施监理前将委托的监理单位名称、监理内容及监理权限以书面形式通知承包人。

5.2　监理单位委派的总监理工程师在本合同中称工程师,其姓名、职务、职权由发包人、承包人在专用条款内写明。工程师按合同约定行使职权,发包人在专用条款内要求工程师在行使某些职权前需要征得发包人批准的,工程师应征得发包人批准。

5.3　发包人派驻施工场地履行合同的代表在本合同中也称工程师,其姓名、职务、职权由发包人在专用条款内写明,但职权不得与监理单位委派的总监理工程师职权相互交叉。双方职权发生交叉或不明确时,由发包人予以明确,并以书面形式通知承包人。

5.4　合同履行中,发生影响发包人、承包人双方权利或义务的事件时,负责监理的工程师应依据合同在其职权范围内客观公正地进行处理。

5.5 除合同内有明确约定或经发包人同意外,负责监理的工程师无权解除合同约定的承包人的任何权利与义务。

5.6 不实行工程监理的,本合同中工程师专指发包人派驻施工场地履行合同的代表,其具体职权由发包人在专用条款内写明。

## 6 工程师的委派和指令

6.1 工程师可委派工程师代表,行使合同约定的职权,并可在认为必要时撤回委派。委派和撤回均应提前7天以书面形式通知承包人,负责监理的工程师还应将委派和撤回通知发包人。委派书和撤回通知作为合同附件。

工程师代表在工程师授权范围内向承包人发出的任何书面形式的函件,与工程师发出的函件具有同等效力。承包人对工程师代表向其发出的任何书面形式的函件有疑问时,可将此函件提交工程师,工程师应进行确认。工程师代表发出指令有失误时,工程师应进行纠正。

除工程师或工程师代表外,发包人派驻工地的其他人员均无权向承包人发出任何指令。

6.2 工程师的指令、通知由其本人签字后,以书面形式交给项目经理,项目经理在回执上签署姓名和收到时间后生效。确有必要时,工程师可发出口头指令,并在48小时内给予书面确认,承包人对工程师的指令应予执行。工程师不能及时给予书面确认的,承包人应于工程师发出口头指令后7天内提出书面确认要求。工程师在承包人提出确认要求后48小时内不予答复的,视为口头指令已被确认。

承包人认为工程师指令不合理,应在收到指令后24小时内向工程师提出修改指令的书面报告,工程师在收到承包人报告后24小时内作出修改指令或继续执行原指令的决定,并以书面形式通知承包人。紧急情况下,工程师要求承包人立即执行的指令或承包人虽有异议,但工程师决定仍继续执行的指令,承包人应予执行。因指令错误发生的追加合同价款和给承包人造成的损失由发包人承担,延误的工期相应顺延。

本款规定同样适用于由工程师代表发出的指令、通知。

6.3 工程师应按合同约定,及时向承包人提供所需指令,批准并履行约定的其他义务。由于工程师未能按合同约定履行义务造成工期延误,发包人应承担延误造成的追加合同价款,并赔偿承包人有关损失,顺延延误的工期。

6.4 如需更换工程师,发包人应至少提前7天以书面形式通知承包人,后任继续行使合同文件约定的前任的职权,履行前任的义务。

## 7 项目经理

7.1 项目经理的姓名、职务在专用条款内写明。

7.2 承包人依据合同发出的通知,以书面形式由项目经理签字后送交工程师,工程师在回执上签署姓名和收到时间后生效。

7.3 项目经理按发包人认可的施工组织设计(施工方案)和工程师依据合同发出的指令组织施工。在情况紧急且无法与工程师联系时,项目经理应当采取保证人员生命和工程、财产安全的紧急措施,并在采取措施后48小时内向工程师送交报告。责任在发包人或第三人,由发包人承担由此发生的追加合同价款,相应顺延工期;责任在承包人,由承包人承担费用,不顺延工期。

7.4 承包人如需更换项目经理,应至少提前7天以书面形式通知发包人,并征得发包人同意。后任继续行使合同文件约定的前任的职权,履行前任的义务。

7.5 发包人可以与承包人协商,建议更换其认为不称职的项目经理。

## 8 发包人工作

8.1 发包人按专用条款约定的内容和时间完成以下工作:

(1)办理土地征用、拆迁补偿、平整施工场地等工作,使施工场地具备施工条件在开工后继续负责解决以上事项遗留问题;

(2)将施工所需水、电、电信线路从施工场地外部接至专用条款约定地点,保证施工期间的需要;

(3)开通施工场地与城乡公共道路的通道,以及专用条款约定的施工场地内的主要道路,满足施工运输的需要,保证施工期间的畅通;

(4)向承包人提供施工场地的工程地质和地下管线资料,对资料的真实准确性负责;

(5)办理施工许可证及其他施工所需证件、批件和临时用地、停水、停电、中断道路交通、爆破作业等的申请批准手续(证明承包人自身资质的证件除外);

(6)确定水准点与坐标控制点,以书面形式交给承包人,进行现场交验;

(7)组织承包人和设计单位进行图纸会审与设计交底;

(8)协调处理施工场地周围地下管线和邻近建筑物、构筑物(包括文物保护建筑)、古树名木的保护工作,承担有关费用;

(9)发包人应做的其他工作,双方在专用条款内约定。

8.2 发包人可以将第8.1款部分工作委托承包人办理,双方在专用条款内约定,其费用由发包人承担。

8.3 发包人未能履行第8.1款各项义务,导致工期延误或给承包人造成损失的,发包人赔偿承包人有关损失,顺延延误的工期。

## 9 承包人工作

9.1 承包人按专用条款约定的内容和时间完成以下工作:

(1)根据发包人委托,在其设计资质等级和业务允许的范围内,完成施工图设计或与工程配套的设计,经工程师确认后使用,发包人承担由此发生的费用;

(2)向工程师提供年、季、月度工程进度计划及相应进度统计报表;

(3)根据工程需要,提供和维修非夜间施工使用的照明、围栏设施,并负责安全保卫;

(4)按专用条款约定的数量和要求,向发包人提供施工场地办公和生活的房屋及设施,发包人承担由此发生的费用;

(5)遵守政府有关主管部门对施工场地交通、施工噪声以及环境保护和安全生产等的管理规定,按规定办理有关手续,并以书面形式通知发包人,发包人承担由此发生的费用,因承包人责任造成的罚款除外;

(6)已竣工工程未交付发包人之前,承包人按专用条款约定负责已完工程的保护工作,保护期间发生损坏,承包人自费予以修复;发包人要求承包人采取特殊措施保护的工程部位和相应的追加合同价款,双方在专用条款内约定;

(7)按专用条款约定做好施工场地地下管线和邻近建筑物、构筑物(包括文物保护建筑)、古树名木的保护工作;

(8)保证施工场地清洁,符合环境卫生管理的有关规定,交工前清理现场,达到专用条

款约定的要求,承担因自身原因违反有关规定造成的损失和罚款;

(9)承包人应做的其他工作,双方在专用条款内约定。

9.2 承包人未能履行第9.1款各项义务,造成发包人损失的,承包人赔偿发包人有关损失。

## (二)施工合同示范文本中控制与管理性条款

施工合同示范文本中控制与管理性条款如下。

### 27 发包人供应材料设备

27.1 实行发包人供应材料设备的,双方应当约定发包人供应材料设备一览表,作为合同附件。一览表包括发包人供应材料设备的品种、规格、型号、数量、单价、质量等级、提供时间和地点。

27.2 发包人按一览表约定的内容提供材料设备,并向承包人提供产品合格证明,对其质量负责。发包人在所供材料设备到货前24小时,以书面形式通知承包人,由承包人派人与发包人共同清点。

27.3 发包人供应的材料设备,承包人派人参加清点后由承包人妥善保管,发包人支付相应保管费。因承包人原因发生丢失损坏,由承包人负责赔偿。

发包人未通知承包人清点,承包人不负责材料设备的保管,丢失损坏由发包人负责。

27.4 发包人供应的材料设备与一览表不符时,发包人承担有关责任。发包人应承担责任的具体内容,双方根据下列情况在专用条款内约定:

(1)材料设备单价与一览表不符,由发包人承担所有价差;

(2)材料设备的品种、规格、型号、质量等级与一览表不符,承包人可拒绝接收保管,由发包人运出施工场地并重新采购;

(3)发包人供应的材料规格、型号与一览表不符,经发包人同意,承包人可代为调剂串换,由发包人承担相应费用;

(4)到货地点与一览表不符,由发包人负责运至一览表指定地点;

(5)供应数量少于一览表约定的数量时,由发包人补齐,多于一览表约定的数量时,发包人负责将多出部分运出施工场地;

(6)到货时间早于一览表约定的供应时间,由发包人承担因此发生的保管费用;到货时间迟于一览表约定的供应时间,发包人赔偿由此造成的承包人损失,造成工期延误的,相应顺延工期。

27.5 发包人供应的材料设备使用前,由承包人负责检验或试验,不合格的不得使用,检验或试验费用由发包人承担。

27.6 发包人供应材料设备的结算方法,双方在专用条款内约定。

### 28 承包人采购材料设备

28.1 承包人负责采购材料设备的,应按照专用条款约定及设计和有关标准要求采购,并提供产品合格证明,对材料设备质量负责。承包人在材料设备到货前24小时通知工程师清点。

28.2 承包人采购的材料设备与设计或标准要求不符时,承包人应按工程师要求的时间运出施工场地,重新采购符合要求的产品,承担由此发生的费用,由此延误的工期不予顺延。

28.3 承包人采购的材料设备在使用前,承包人应按工程师的要求进行检验或试验,不合格的不得使用,检验或试验费用由承包人承担。

28.4　工程师发现承包人采购并使用不符合设计或标准要求的材料设备时,应要求由承包人负责修复、拆除或重新采购,并承担发生的费用,由此延误的工期不予顺延。

28.5　承包人需要使用代用材料时,应经工程师认可后才能使用,由此增减的合同价款双方以书面形式议定。

28.6　由承包人采购的材料设备,发包人不得指定生产厂或供应商。

### 35　违约

35.1　发包人违约。当发生下列情况时:

(1)本通用条款第24条提到的发包人不按时支付工程预付款;

(2)发包人不履行合同义务或不按合同约定履行义务的其他情况。

发包人承担违约责任,赔偿因其违约给承包人造成的经济损失,顺延延误的工期。双方在专用条款内约定发包人赔偿承包人损失的计算方法或者发包人应当支付违约金的数额或计算方法。

35.2　承包人违约。当发生下列情况时:

承包人不履行合同义务或不按合同约定履行义务的其他情况。

承包人承担违约责任,赔偿因其违约给发包人造成的损失。双方在专用条款内约定承包人赔偿发包人损失的计算方法或者承包人应当支付违约金的数额或计算方法。

35.3　一方违约后,另一方要求违约方继续履行合同时,违约方承担上述违约责任后仍应继续履行合同。

### 36　索赔

36.1　当一方向另一方提出索赔时,要有正当索赔理由,且有索赔事件发生时的有效证据。

36.2　发包人未能按合同约定履行自己的各项义务或发生错误以及应由发包人承担责任的其他情况,造成工期延误和(或)承包人不能及时得到合同价款及承包人的其他经济损失,承包人可按下列程序以书面形式向发包人索赔:

(1)索赔事件发生后28天内,向工程师发出索赔意向通知;

(2)发出索赔意向通知后28天内,向工程师提出延长工期和(或)补偿经济损失的索赔报告及有关资料;

(3)工程师在收到承包人送交的索赔报告和有关资料后,于28天内给予答复,或要求承包人进一步补充索赔理由和证据;

(4)工程师在收到承包人送交的索赔报告和有关资料后28天内未予答复或未对承包人作进一步要求,视为该项索赔已经认可;

(5)当该索赔事件持续进行时,承包人应当阶段性向工程师发出索赔意向,在索赔事件终了后28天内,向工程师送交索赔的有关资料和最终索赔报告。索赔答复程序与(3)、(4)规定相同。

36.3　承包人未能按合同约定履行自己的各项义务或发生错误,给发包人造成经济损失,发包人可按第36.2款确定的时限向承包人提出索赔。

### 37　争议

37.1　发包人、承包人在履行合同时发生争议,可以和解或者要求有关主管部门调解。

当事人不愿和解、调解或者和解、调解不成的,双方可以在专用条款内约定以下一种方式解决争议:

第一种解决方式:双方达成仲裁协议,向约定的仲裁委员会申请仲裁;

第二种解决方式:向有管辖权的人民法院起诉。

37.2 发生争议后,除非出现下列情况的,双方都应继续履行合同,保持施工连续,保护好已完工程:

(1)单方违约导致合同确已无法履行,双方协议停止施工;

(2)调解要求停止施工,且为双方接受;

(3)仲裁机构要求停止施工;

(4)法院要求停止施工。

## 38 工种分包

38.1 承包人按专用条款的约定分包所承包的部分工程,并与分包单位签订分包合同。非经发包人同意,承包人不得将承包工程的任何部分分包。

38.2 承包人不得将其承包的全部工程转包给他人,也不得将其承包的全部工程肢解以后以分包的名义分别转包给他人。

38.3 工程分包不能解除承包人任何责任与义务。承包人应在分包场地派驻相应管理人员,保证本合同的履行。分包单位的任何违约行为或疏忽导致工程损害或给发包人造成其他损失,承包人承担连带责任。

38.4 分包工程价款由承包人与分包单位结算。发包人未经承包人同意,不得以任何形式向分包单位支付各种工程款项。

## 44 合同解除

44.1 发包人、承包人协商一致,可以解除合同。

44.2 发生本通用条款第 26.4 款情况,停止超过 56 天,发包人仍不支付工程款(进度款),承包人有权解除合同。

44.3 发生本通用条款第 38.2 款禁止的情况,承包人将其承包的全部工程转包给他人或者肢解以后以分包的名义分别转包给他人,发包人有权解除合同。

44.4 有下列情形之一的,发包人、承包人可以解除合同:

(1)因不可抗力致使合同无法履行;

(2)因一方违约(包括因发包人原因造成工程停建或缓建)致使合同无法履行。

44.5 一方依据第 44.2、44.3、44.4 款约定要求解除合同的,应以书面形式向对方发出解除合同的通知,并在发出通知前 7 天告知对方,通知到达对方时合同解除。对解除合同有争议的,按本通用条款第 37 条关于争议的约定处理。

44.6 合同解除后,承包人应妥善做好已完工程和已购材料、设备的保护与移交工作,按发包人要求将自有机械设备和人员撤出施工场地。发包人应为承包人撤出提供必要条件,支付以上所发生的费用,并按合同约定支付已完工程价款。已经订货的材料、设备由订货方负责退货或解除订货合同,不能退还的货款和因退货、解除订货合同发生的费用,由发包人承担,因未及时退货造成的损失由责任方承担。除此之外,有过错的一方应当赔偿因合同解除给对方造成的损失。

44.7 合同解除后,不影响双方在合同中约定的结算和清理条款的效力。

## 45  合同生效与终止

45.1  双方在协议书中约定合同生效方式。

45.2  除本通用条款第34条外,发包人、承包人履行合同全部义务,竣工结算价款支付完毕,承包人向发包人交付竣工工程后,本合同即告终止。

45.3  合同的权利义务终止后,发包人、承包人应当遵循诚实信用原则,履行通知、协助、保密等义务。

## 46  合同份数

46.1  本合同正本两份,具有同等效力,由发包人、承包人分别保存一份。

46.2  本合同副本份数,由双方根据需要在专用条款内约定。

## 47  补充条款

双方根据有关法律、行政法规规定,结合工程实际,经协商一致后,可对本通用条款内容具体化、补充或修改,在专用条款内约定。

## 二、建筑材料采购合同样本

采取订货方式采购材料,供需双方必须依法签订购销合同。材料购销合同是供需双方为了有偿转让一定数量的材料而明确的双方权利义务关系,依照法律规定而达成的协议。合同依法成立即具有法律效力。

购销合同是指物资供需双方,为实现购销业务,明确相互权利义务关系的协议。利用合同保护购销双方的合法利益,督促供销双方履行义务。

### (一)签订购销合同的基本要求

1. 符合法律规定

购销合同是一种经济合同,必须符合《中华人民共和国合同法》等法律、法规和政策的要求。

2. 主体合法

合同当事人必须符合有关法律规定,当事人应当是法人、有营业执照的个体经营户、合法的代理人等。

3. 内容合法

合同内容不得违反国家的政策、法规,损害国家及他人利益。物资经营单位购销的物资,不得超过工商行政管理部门核准登记的经营范围。

4. 形式合法

购销合同一般应采用书面形式,由法定代表人或法定代表人授权的代理人签字,并加盖合同专用章或单位公章。

### (二)签订材料购销合同的原则

(1)遵守国家法律,符合国家政策的要求,合同具有法律效力,双方权益才能受到保护。

(2)平等互利、协商一致、等价有偿,双方权利、义务平等。

### (三)材料购销合同的签订

经合同双方当事人依法就主要条款协商一致即告成立。签订合同人必须是具有法人资格的企事业单位的法定代表人或由法定代表人委托的代理人。签订合同的程序要经过要约和承诺两个步骤。

（四）购销合同的主要条款

（1）物资名称。

物资名称应署全名，并注明商标、牌号、生产厂家、型号、规格、等级、花色等。

（2）技术标准。

检查物资质量的标准，应注明标准的名称、代号、编号。如有特殊要求应写明。

（3）购销数量和计量方法。

数量包括总量和分批交货的数量。计量方法按国家规定执行。

（4）包装标准及包装物的供应、回收。

包装标准应按国家标准执行，若没有规定，由双方协商，并应明确包装物的供应与回收方法。

（5）交货方式与运输方式。

交货方式有供方供货、供方代办运输、需方自提等，合同中应明确交货时间、地点。双方还应商定运输路线、运输工具、货运事故处理等。

（6）接（提）货单位或接（提）货人。

接（提）货单位或接（提）货人可以是需方，也可以是代理经办人，但必须填写清楚。

（7）交货期限。

交货期限可按日、旬、月、季交货，双方应明确。

（8）验收方法。

验收方法包括数量的清点方法和质量的检验方法。如需他人检验，应注明质量检验单位。

（9）价格。

合同中应明确计价范围、价格水平等。

（10）结算方法。

按国家有关规定执行。

（11）违约责任。

当事人违约，应明确双方的责任、支付违约金的比例。

（12）合同纠纷的处理方式。

如果出现合同纠纷，应选择正确的解决纠纷的方法，如协商、调解、仲裁、诉讼等。

（13）其他约定事项。

（五）购销合同的管理

签订材料购销合同，仅仅是落实货源，要使合同实施，还应注意合同的管理工作。

1. 签订合同的管理

（1）必须遵守国家政策、法规，避免签订无效合同。

（2）贯彻平等互利、协商一致的原则，为全面、实际履行合同打下基础。

（3）合同条款力求准确、清楚，避免遗漏、错误、含糊不清的现象。

2. 履行合同的管理

（1）已签订的合同，应及时分类整理，装订归档，由专人管理。

（2）随时检查合同的履行情况，建立合同登记台账，记录应交、已交、欠交、超交的量和时间，已交材料的检查、验收情况。根据记录分析问题，提出处理意见。

（3）对过期、误期合同，应组织催交、催运，追究对方的违约责任。

（4）将合同附本或抄件分送有关业务部门，以便做好履行合同的各项工作。

**（六）签订购销合同应注意的问题**

（1）签订购销合同前，应进行资质审查，查看对方是否具有货物或货款支付能力及信誉，避免合同欺诈或签订假合同。

（2）签订合同应使用企事业单位章或合同专用章并有代表（理）人签字、盖章，而不能使用其他业务章。

（3）不能以产品分配单或调拨单等代替合同，重要合同需经工商行政管理部门签证或经公证机关公证。

（4）合同签订的时间和地点都要写在合同内。

（5）企业（法人单位）名称应用全称，即营业执照上的注册名称，当事人双方的地址、电话不能写错。

（6）补偿贸易合同必须由供方担保单位实行担保。

# 附件　购销合同文件格式

## 建材采购合同

买方（甲方）：

地址：

卖方（乙方）：

地址：

经协商同意，就甲方向乙方购买建材，双方达成一致条款如下：

第一条　合同标的物

甲方向乙方采购产品名称、规格及型号、单价、总价等如下表所列。

| 序号 | 产品名称 | 规格及型号 | 生产厂家及品牌 | 单价 | 数量 | 单位 | 总价 |
|---|---|---|---|---|---|---|---|
| 1 | | | | | | | |
| 2 | | | | | | | |
| 3 | | | | | | | |
| 4 | | | | | | | |

上表单价指运至甲方指定地点卸料后的价格（包括料费、运费、装卸费及一切不可预见费用），此单价为固定单价，不调价，对此双方确认。如因数量变化则总价按单价予以相应调整。

第二条　数量

下列3种方式在选定方式后打√：

1. 乙方供货数量以甲方实际通知要求为准。（　）

2. 乙方供货数量明确为＿＿＿＿＿＿。（　）

3. ＿＿＿＿＿＿＿＿＿＿＿＿。（　）

第三条　质量

1. 乙方须保证标的物是生产厂商原造的，全新、未使用过的，并完全符合强制性的国家技术质量规范。

2. 乙方提供给甲方的标的物应通过生产厂商的出厂检验,并提供质量合格证书及相应检测报告等。

3. 乙方保证提供的标的物符合国家及行业的安全质量标准,且该标准为已发布的在货物交付时有效的最新版本的标准。

4. 乙方须保证所提供的标的物在其使用寿命期内须具有符合质量要求和产品说明书的性能。在货物质量保证期之内,乙方须对由于设计、工艺或材料的缺陷而发生的任何不足或故障负责。

第四条　产品包装规格及费用

1. 乙方交付的所有货物应具有适于运输的坚固包装,并且乙方应根据货物的不同特性和要求采取防潮、防雨、防锈、防震、防腐等保护措施,以确保货物安全无损地到达指定交货地点,同时须有利于产品使用、仓储、物流。

2. 凡因乙方对货物包装不善、标记不明、防护措施不当或在货物装箱前保管不良,或因乙方其他原因,致使货物遭到损坏或丢失,乙方应承担不能交货之违约责任。

3. 包装费用已包含在合同价格内,不另计付。

第五条　风险负担

货物毁损、灭失的风险在该货物通过甲乙双方联合验收交付前由乙方承担,通过联合验收交付后由甲方承担;因质量问题甲方拒收的,风险由乙方承担。

第六条　验收

1. 验收期限及方法:甲方在标的物到达指定地点后组织验收;基于对乙方质量承诺、实力、规模等的信赖,验收方法仅限于数量、规格、表面及包装是否有瑕疵及接收相关证书(如合格证书、说明书等),该验收不免除乙方产品质量责任。

2. 甲方有权拒收不符合合同约定的产品。对不符合约定的产品(包括使用中发现的、工程质保期内出现系因本合同产品质量缺陷导致工程质量不合格的),乙方应退还货款,损失由乙方承担。

3. 如验收、使用中发现已收产品不符合要求,则甲方有权取消未交付部分产品的合同履行。

4. 即使验收期满或合同履行完毕,产品质量责任亦不能免除。

第七条　结算付款

1. 结算数量按甲方收料单统计,以甲方实际收到的乙方合格产品数量为最终结算数量。

2. 结算方式:首付_____;货到并经验收通过后付款至_____;余款作为质保金,质保期满后3日内一次性无息支付乙方。

3. 付款形式:现金、支票及承兑。

4. 乙方提供合法发票是付款前提,如果乙方提供的发票是假票、套票等,一经查出,视为乙方供货不能,应承担约定之违约责任。

第八条　交货规定

1. 交货方式:A. 甲方自提自运(　);B. 乙方送货(　)。(在约定方式括号内打√)

2. 交货地点：_____。

3. 交货日期：_____。

第九条　双方权责

（一）甲方权责

1. 甲方如因工程需要，须中途变更产品品种、规格、质量、数量或包装规格等，应提前____天通知乙方，以便乙方工作，否则甲方应承担相应违约责任（甲方变更通知有利于乙方的除外）。

2. 甲方如中途退货，应通知乙方进行协商，乙方同意退货或在获知退货通知内容后_____天内不予有效答复的，合同解除，双方就此互不担责；乙方有异议的，甲方须承担退货部分____的违约金，合同解除。若退货系因乙方原因（包括但不限于产品质量、数量、交付日期等不符合合同约定）、工程施工有变化（包括但不限于设计变更、停工等）、政府行为、不可抗力及其他法定原因造成，甲方不承担违约责任。若双方按第二条第一款供货，则甲方停止要求供货不承担任何责任。

3. 属甲方自提的货物，如甲方未按规定日期提货，每延期1天，应偿付乙方以延期提货部分货款总额_____的违约金。

4. 乙方送货的产品符合合同约定的，如甲方无合理理由拒绝接货的，甲方应承担因而造成的损失和运输费用。

（二）乙方权责

1. 产品品种、规格、质量、包装等不符合本合同规定时，甲方同意利用者，按质论价。不同意利用者，乙方应负责退换及重新包装发货。由于上述原因致延误交货时间，每逾期1日，乙方应按逾期交货部分货款总值的_____计算向甲方偿付逾期交货的违约金。

2. 乙方未按本合同规定的产品数量交货时，乙方应照数补交逾期少交部分，并应按上款标准承担逾期交货违约金。甲方如果同意，可以退货，但乙方应付给甲方不能交货部分货款总值_____的违约金。

3. 乙方在逾期7天后仍不能送交符合合同约定的产品的，视为重大违约，构成交货不能。

第十条　索赔

1. 如果货物的质量、规格、数量、重量等与合同不符，或在质量保证期内证实货物存有缺陷，包括潜在的缺陷或使用不符合要求的材料等，甲方有权根据有资质的权威质检机构的检验结果向乙方提出索赔（但责任应由保险公司或运输部门承担的除外）。

2. 如果乙方对甲方提出的索赔负有责任，乙方应按照甲方同意的下列一种或多种方式解决索赔事宜：

（1）乙方同意退货并用合同规定的货币将货款退还给甲方，并承担由此发生的一切损失和费用，包括利息、银行手续费、运费、保险费、检验费、仓储费、装卸费以及为保护退回货物所需的其他必要费用。

（2）用符合规格、质量和性能要求的新零件、部件或货物来更换有缺陷的部分，乙方应承担一切费用和风险并负担甲方所发生的一切直接费用。同时，乙方应相应延长修补或更换件的质量保证期。

（3）如果在甲方发出索赔通知后7日内，乙方未作答复，上述索赔应视为已被乙方接受。如乙方未能在甲方提出索赔通知后7日内或甲方同意的更长时间内，按照本合同规定的任何一种方法解决索赔事宜,甲方有权从应付货款或从乙方的质量保证金中扣回索赔金额。如果这些金额不足以补偿索赔金额,甲方有权向乙方提出不足部分的补偿。

第十一条 其他违约条款

1. 产品价格如须调整,必须经双方协商,在取得一致意见前,仍应按合同原订价格执行。如乙方因价格问题延期交货,则乙方每延期1天应按延期交货部分总值的____付给甲方违约金。

2. 任何一方提出解除合同,均应取得对方认可,否则应承担解除部分总值5%的违约金。合同另有约定的遵照该约定执行。若双方按第二条第1款供货,则甲方停止要求供货不承担任何责任。

3. 甲方确因不可抗力、工程停工原因不能履行本合同时,应及时向对方通知不能履行理由,并免予承担违约责任。

4. 如因一方违约,双方未能就赔偿损失达成协议,引起诉讼或仲裁时,违约方除应赔偿对方经济损失外,还应承担对方因诉讼或仲裁所支付的律师代理费等相关费用。

5. 乙方交货不能之违约:乙方应按乙方权责第1款承担相应逾期违约金外,还应向甲方支付交货不能部分货物价款____%的违约金,同时甲方有权解除合同,如因此造成甲方其他损失,包括甲方另行采购须发生的费用特别是差价损失,如高于违约金的,乙方仍须承担全部赔偿责任。

第十二条 本合同在执行中如发生争议或纠纷,甲、乙双方应协商解决,解决不了时,应向工程所在地法院起诉。

第十三条 本合同在执行期间,如有未尽事宜,由甲乙双方协商,另订附则附于本合同之内,所有附则均与本合同有同等效力。

第十四条 其他约定事项

1. 本合同签署后,如发生下列情况,甲方有权向乙方发出书面通知,提出终止部分或全部合同,乙方承担交货不能之违约责任,而甲方不承担任何责任。

(1)如果乙方未能在合同规定的限期或甲方同意延长的限期内提供部分或全部货物。

(2)如果乙方在本合同签署前或实施中有腐败和欺诈行为。为此,定义如下:"腐败行为"是指提供、给予任何有价值的东西来影响甲方采购人员在采购过程或合同实施过程中的行为;"欺诈行为"是指为了影响采购过程或合同实施过程而谎报事实,弄虚作假,损害甲方的利益。

2. 本合同任何一方给另一方的通知,都应以书面形式发送,而另一方也应以书面形式确认并发送到对方明确的地址。合同载明地址为双方送达通知的有效地址,通知自发出之日起视为送达。

3. 本合同任意条款修改或另行达成补充协议均须在修改处或协议上加盖双方公章方有效。

4. 本合同标的物的质保期为_____年。

第十五条 本合同一式____份,由甲、乙双方各执____份。


甲方:(盖章)            乙方:(盖章)


法定(授权)代表人:      法定(授权)代表人:

签约时间：　　　年　月　日

## 综合应用案例

某高速公路建设项目,采用公开招标方式,招标程序如下:

(1)成立招标工作小组;

(2)编制招标文件(资格预审文件、招标文件);

(3)发出招标邀请书;

(4)对投标者进行资格预审并将结果通知投标者;

(5)发售招标文件、设计图纸及技术资料;

(6)建立评标组织,制定评标、定标方法;

(7)标前答疑会;

(8)组织投标单位现场勘踏;

(9)召开开标会议,审查投标书;

(10)发出中标通知书;

(11)建设单位与中标单位签订承发包合同。

**问题**

1.该建设单位招标程序正确与否? 请列出正确的招标程序。

2.参加资格预审的投标单位应提供哪些资料?

3.在招标过程中,假定有下列情况发生,应如何处理?

(1)在招标文件售出后,招标人希望将其中的一个变电站项目从招标文件的工程量清单中去掉,于是,在投标截止日前,书面通知了每一个招标文件收受人。

(2)招标人自9月1日向中标人发出中标通知书,中标人于9月3日收到中标通知书。由于中标人的报价比排在第二位的投标人报价稍高,于是,招标人在中标通知书发出后,与中标人进行了多次谈判要求中标人降低价格,但中标人不同意。于是,招标人于9月10日向排名第二的投标人发出了中标通知书,于10月13日签订了工程承包合同。

**答** :1.该建设单位的招标程序不对,正确的招标程序是:

(1)成立招标工作小组;

(2)向招投标机构提出招标申请书;

(3)编制招标文件,制定评标、定标方法;

(4)制定标底;

(5)发布招标公告;

(6)对报名参加投标者进行资格预审,并将结果通知报名者;

(7)向合格的投标者发出招标文件、设计图纸及技术资料;

(8)组织投标单位现场勘踏;

(9)招标文件答疑;

(10)建立评标组织;

(11)召开开标会议,审查投标书;

(12)组织评标,决定中标单位;

(13)发出中标通知书;

(14)建设单位与中标单位签订承发包合同。

2. 参加资格预审的投标单位应提供下列资料：

（1）有关确定法律地位原始文件的副本（营业执照、资质等级证书等）；

（2）在过去3年内完成的与本合同相似的工程的情况和现在履行的合同工程情况；

（3）提供管理和执行本合同拟在施工现场与不在施工现场的管理人员及主要施工人员情况；

（4）提供完成本合同拟采用的主要施工机械设备情况；

（5）提供完成本合同拟分包的项目及分包单位情况；

（6）提供财务状况情况，包括近两年经过审计的财务报表，下一年财务预算报告；

（7）有关目前与过去两年参与或涉及诉讼案的资料。

3.（1）在招标文件售出后，招标人对招标文件的修改应该在投标截止日前，可以补充通知形式修改招标文件并书面通知每一个招标文件收受人，若时间不能满足要求，需要延后投标文件递交的截止时间，并报招标管理部门批准。

（2）招标人在中标通知书发出后，与中标人的谈判，不能对原招标文件和投标文件进行实质性的改变，如本例中要求中标人降低价格是不对的。更不能以此为理由，向排名第二的投标人发出中标通知，签订工程承包合同。

# 小　结

本章通过对建设项目招标的分类、招标的程序和方式、工作机构、标价的计算与确定，以及合同与合同管理的概述，引申到与材料员岗位相关的建筑与市政工程材料采购的相关知识。

# 习　题

1. 根据招标方式的不同，招标共分为几类，分别是什么招标方式？
2. 工程建设项目必须进行招标的范围有哪些？
3. 建筑材料招标的程序是什么？
4. 建筑设备和材料采购的评标方法有哪些？
5. 合同的担保方式有哪些？
6. 建筑工程施工合同文本的结构包括哪三部分？

# 第三章　建筑与市政工程材料市场调查和采购

【学习目标】

　　通过本章的学习,要求了解市场的相关概念及建筑材料市场的特点和构成,熟悉市场调查的内容和方法,掌握材料计划的编制程序和材料、设备的采购。

## 第一节　建筑及建筑材料市场

### 一、市场的相关概念

　　狭义上的市场是指买卖双方进行商品交换的场所。广义上的市场是指为了买与卖某些商品而与其他厂商和个人相联系的一群厂商和个人。市场的规模即市场的大小,是指购买者的人数。市场包含以下4层含义:

　　(1)商品交换场所和领域。

　　(2)商品生产者和商品消费者之间各种经济关系的汇合与总和。

　　(3)有购买力的需求。

　　(4)现实顾客和潜在顾客。劳动分工使人们各自的产品互相成为商品,互相成为等价物,使人们互相成为市场。社会分工越细,商品经济越发达,市场的范围和容量就越扩大。

### 二、建筑市场和建筑材料市场

#### (一)建筑市场

　　建筑市场是指建筑产品建造全过程、各环节的发承包交易交换活动的综合。

　　建筑市场的准入有以下3种方式:

　　(1)以市场机制为主导的建筑市场准入,这是以美国为代表的建筑市场进入方式。它的基本特征是以担保、保险制度来保证市场进入主体的承包资格和承包能力。

　　(2)有限制的市场准入,这是以新加坡、我国香港地区为代表的市场进入方式。

　　(3)严格限制的市场准入,这是我国目前采用的市场进入方式。

#### (二)建筑材料市场

　　狭义上的建筑材料市场是指买卖双方进行建筑材料交换的场所。广义上的建筑材料市场是指为了买与卖建筑材料而与其他厂商和个人相联系的一群厂商和个人。它贯穿了建筑材料及建筑构配件的生产、销售、流通、租赁、使用、回收的各个环节,并包含了参与其中的单位、个人、材料和费用。

## 三、建筑材料市场的特点和构成

### (一)建筑材料市场的特点

近年来,我国不断加大对建筑行业的投资,促进了我国建筑行业的蓬勃发展。建筑行业取得了令人瞩目的成就,市场不断扩大,为建筑行业的进一步发展提供了良好的市场环境。我国在"十三五"规划中的目标是全面建设小康社会,实现中华民族伟大复兴的中国梦。而这一目标的实现必定离不开建筑行业的大力发展。建筑行业的兴盛也必定带动建材业市场的繁荣。新农村建设、城镇化推进都需要大量的建材供应。因此,我国未来几年的经济发展趋势与市场发展形势将为建材业提供良好的市场机会。我国建材业的市场走向有以下特点:

(1)国家要大大加快城镇化的步伐,这样就给房地产带来了发展的机会,也给家居建材业带来了市场的发展良机,开发低端市场就成为当下的必然途径。中国小城镇巨大的消费潜力,对家居建材业是个巨大的机会,低端市场现在已为越来越多的业内人士所认可,有些建材企业早已发力进军二三线市场,相对于建材业在二三线城市的兴盛,一线城市的建材业则将面临较大的挑战。因为经过近些年的发展,一线城市,包括市区部分,已经基本开发完毕,新建楼盘越来越少,已经饱和。另外,道路、桥梁等各类设施几近完备。因此,一线城市对传统的建材已经需求较少。

(2)随着世界经济复苏和我国建材行业竞争力的不断提高,国际市场将成为未来发展的又一空间。目前,包括我国建材工业在内的制造业在国际市场,尤其是在一大批新兴国家仍具有比较优势。在既有商品市场,又有技术、装备和工程建设市场的国家与地区,建材行业在拓展对外投资、办实体、开矿业及深加工和全方位的科工贸一体化发展等方面有着广阔的市场前景。

### (二)建筑材料市场的构成

建筑材料市场由市场交易主体、市场交易规则、市场交易机制几个基本运行要素组成。
(1)市场交易主体:生产单位、流通渠道、销售单位、采购单位、使用单位;
(2)市场交易规则:信息公开、依法管理、公平竞争、属地进入、办事公正原则;
(3)市场交易机制:具有动力、制约、传导等功能。

# 第二节　市场的调查分析

## 一、市场调查的概念

市场调查是各种调查研究活动的一种,是指个人或组织为某个特定的市场营销决策的目的,采用科学的方法和程序,对所需收集的市场信息进行方案策划、问卷设计、系统收集、客观记录、整理、汇总,并根据取得的市场信息提出必要分析结论的全部活动和过程。

## 二、市场调查的内容和方法

### (一)市场调查的内容

市场调查的内容涉及市场营销活动的整个过程,主要包括以下方面。

## 1. 市场环境调查

市场环境主要包括经济环境、政治环境、社会文化环境、科学环境和自然地理环境等。具体的调查内容可以是市场的购买力水平，经济结构，国家的方针、政策和法律法规，风俗习惯，科学发展动态，气候等各种影响市场营销的因素。

## 2. 市场需求调查

市场需求调查主要包括消费者需求量调查、消费者收入调查、消费结构调查、消费者行为调查，包括消费者为什么购买、购买什么、购买数量、购买频率、购买时间、购买方式、购买习惯、购买偏好和购买后的评价等。

## 3. 市场供给调查

市场供给调查主要包括产品生产能力调查、产品实体调查等。具体为某一产品市场可以提供的产品数量、质量、功能、型号、品牌等，生产供应企业的情况等。

## 4. 市场营销因素调查

市场营销因素调查主要包括产品、价格、渠道和促销的调查。产品的调查主要是了解市场上新产品开发的情况、设计的情况、消费者使用的情况、消费者的评价、产品生命周期阶段、产品的组合情况等。价格的调查主要是了解消费者对价格的接受情况，对价格策略的反应等。渠道调查主要包括了解渠道的结构、中间商的情况、消费者对中间商的满意情况等。促销的调查主要包括各种促销活动的效果，如广告实施的效果、人员推销的效果、营业推广的效果和对外宣传的市场反应等。

## 5. 市场竞争情况调查

市场竞争情况调查主要包括对竞争企业的调查和分析，了解同类企业的产品、价格等方面的情况，他们采取了什么竞争手段和策略，做到知己知彼，通过调查帮助企业确定竞争策略。

### （二）市场调查的方法

市场调查的方法主要有观察法、实验法、访问法和问卷法。

## 1. 观察法

观察法是社会调查和市场调查研究的最基本的方法。它是由调查人员根据调查研究的对象，利用眼睛、耳朵等感官以直接观察的方式对其进行考察并收集资料。例如，市场调查人员到被访问者的销售场所去观察商品的品牌及包装情况。

## 2. 实验法

由调查人员根据调查的要求，用实验的方式，将调查的对象控制在特定的环境条件下，对其进行观察以获得相应的信息。控制对象可以是产品的价格、品质、包装等，在可控制的条件下观察市场现象，揭示在自然条件下不易发现的市场规律，这种方法主要用于市场销售实验和消费者使用实验。

## 3. 访问法

访问法可以分为结构式访问、无结构式访问和集体访问。

结构式访问是事先设计好的、有一定结构的访问问卷的访问。调查人员要按照事先设计好的调查表或访问提纲进行访问，要以相同的提问方式和记录方式进行访问。提问的语气和态度也要尽可能地保持一致。

无结构式访问没有统一问卷，是调查人员与被访问者自由交谈的访问。它可以根据调查的内容,进行广泛的交流。如对商品的价格进行交谈,了解被调查者对价格的看法。

集体访问是通过集体座谈的方式听取被访问者的想法,收集信息资料。可以分为专家集体访问和消费者集体访问。

4. 问卷法

问卷法是通过设计调查问卷,让被调查者填写调查表的方式获得所调查对象的信息。在调查中,将调查的资料设计成问卷后,让接受调查的对象将自己的意见或答案填入问卷中。在一般进行的实地调查中,以问答卷采用最广。同时,问卷法在目前网络市场调查中运用的较为普遍。

## 三、材料市场统计分析

### (一)材料、设备需用数量统计

材料管理确定了一定时期内材料工作的目标,材料计划就是为实现材料工作目标所做的具体部署和安排,是对建筑企业所需材料的质量、品种、规格、数量等在时间和空间上作出的统筹安排。材料计划是企业材料部门的行动纲领,对组织材料资源和供应,满足施工生产需要,提高企业经济效益,具有十分重要的作用。材料计划管理,就是运用计划手段组织、指导、监督、调节材料的订货、采购、运输、供应、储备、使用等一系列工作的总称。

1. 计划期内工程材料需用量

计划期内工程材料需用量通常有直接计算法和间接计算法两种计算方法。

1)直接计算法

直接计算法一般以单位工程为对象进行编制。在施工图纸到达并经过会审后,根据施工图计算分部分项实物工程量,结合施工方案与措施,套用相应的材料消耗定额编制材料分析表。按分部工程进行汇总,编制单位工程材料需用计划。再按施工形象进度编制季、月需用计划。直接计算法的公式如下:

$$\text{某种材料计划需用量} = \text{建筑安装实物工程量} \times \text{某种材料消耗定额} \qquad (3-1)$$

其中,建筑安装实物工程量是按预算方法计算的在计划期应完成的分部分项工程实物工程量;材料消耗定额应根据使用对象分别选用预算定额和施工定额。如编制施工图预算,向建设单位、上级主管部门和物资部门申请计划分配材料指标,作为结算依据或据以编制订货、采购计划,应采用预算定额计算材料需用量;如企业内部编制施工作业计划,向单位工程承包负责人和班组实行定包供应材料,作为成本核算基础,则采用施工定额计算材料需用量。

2)间接计算法(概算法)

当工程任务已经落实,但设计尚未完成,技术资料不全,有的工程甚至初步设计还没有确定,只有投资金额和建筑面积指标,不具备直接计算的条件,为提前备料提供依据,可采用间接计算法。凡采用间接计算法编制备料计划的,在施工图到达后,应立即用直接计算法核算材料实际需用量,并进行调整。

根据概算定额的类别不同,主要分为以下几种算法:

(1)已知工程类型、结构特征及建筑面积的工程项目,可用每平方米消耗定额计算,其计算公式为:

$$某材料计划需用量 = 某类型工程建筑面积 \times 某类型工程每平方米某材料消耗定额 \times 调整系数 \tag{3-2}$$

（2）工程任务不具体，如企业的施工任务只有计划总投资，则采用万元产值材料定额计算。其计算公式为：

$$某材料计划需用量 = 工程项目计划总投资 \times 同类工程项目万元产值材料消耗定额 \times 调整系数 \tag{3-3}$$

注意：由于材料价格浮动较大，因此计算时，必须查清单价及其浮动幅度，折成调整系数，否则误差较大。

2. 周转材料需用量计算

根据计划期内的材料分析确定周转材料总需用量，结合工程特点，确定计划期内周转次数，最终算出周转材料的实际需用量。

3. 施工设备和机械制造的材料需用量计算

施工设备和机械制造的材料可按各项具体产品采用直接计算法计算材料需用量。

4. 辅助材料及生产维修用料的需用量计算

辅助材料及生产维修用料可采用间接计算法计算。

**（二）确定实际需用量**

根据各工程项目计算的需用量，进一步核算实际需用量。核算的依据有以下几个方面：

（1）对于一些通用性材料，在工程进行初期阶段，考虑到可能出现的施工进度超额因素，一般都略加大储备，其实际需用量就略大于计划需用量。

（2）在工程竣工阶段，因考虑到工完、料清、场地净，防止工程竣工材料积压，一般是利用库存控制进料，这样实际需用量要略小于计划需用量。

（3）对一些特殊材料，为保证工程质量，往往要求一批进料，所以计划需用量虽只是一部分，但在申请采购中往往是一次购进，这样实际需用量就要大大增加。

实际需用量的计算公式为：

$$实际需用量 = 计划需用量 \pm 调整因素 \tag{3-4}$$

# 第三节　编制材料需用计划

## 一、材料需用计划

一般由最终使用材料的施工项目部门编制，是材料计划中最基本的计划，是编制其他计划的基本依据。材料需用计划应根据不同的使用方向，以单位工程为对象，结合材料消耗定额，逐项计算需用材料的品种、规格、质量、数量，最终汇总成实际需用数量。按照计划期限，材料需用计划可分为年度材料计划、季度材料计划、月度材料计划、一次性用料计划及临时追加材料计划。

**（一）年度材料计划**

年度材料计划是建筑企业保证全年施工生产任务所需用料的主要材料计划。它是企业向国家或地方计划物资部门、经营单位申请分配、组织订货、安排采购和储备提出的计划，也是指导全年材料供应与管理活动的重要依据。因此，年度材料计划必须与年度施工生产任务密切结合，计划质量（指反映施工生产任务落实的准确程度）的好坏与全年施工生产的各项指标能否实现,有着密切关系。

### (二)季度材料计划

季度材料计划是根据企业施工任务的落实和安排的实际情况编制的季度计划,用以调整年度材料计划,具体组织订货、采购、供应,落实各项材料资源,为完成本季度施工生产任务提供保证。季度材料计划材料品种、数量一般须与年度材料计划相结合,有增或减的,要采取有效的措施,争取资源平衡或报请上级和主管部门调整。如果采取季度材料计划分月编制的方法,则需要具备可靠的依据,这种方法可以简化月度材料计划。

### (三)月度材料计划

月度材料计划是基层单位根据当月施工生产进度安排编制的需用材料计划,比年度、季度材料计划更细致,要求内容更全面、及时和准确。它以单位工程为对象,按形象进度实物工程量逐项分析、计算、汇总使用项目及材料名称、规格、型号、质量、数量等,是供应部门组织配套供料、安排运输,基层安排收料的具体行动计划。它是材料供应与管理活动的重要环节,对完成月度施工生产任务有更直接的影响。凡列入月计划的施工项目需用材料,都要逐项进行落实,如个别品种、规格有缺口,要采取紧急措施,如采用借、调、改、代、加工等办法进行平衡,以保证材料按计划供应。

### (四)一次性用料计划

一次性用料计划也叫单位工程材料计划,是根据承包合同或协议书,按规定时间要求完成的施工生产计划或单位工程施工任务而编制的需用材料计划。它的用料时间与季度、月度材料计划不一定吻合,但在月度材料计划内要列为重点,专项平衡安排。因此,这部分材料需用计划,要提前编制交供应部门,并对需用材料的品种、规格、型号、颜色、时间等作详细说明,供应部门应保证供应。内包工程可采取签订供需合同的办法。

### (五)临时追加材料计划

由于设计修改或任务调整,原计划品种、规格、数量的错漏,施工中采取临时技术措施,机械设备发生故障需及时修复等,需要采取临时措施解决的材料计划称为临时追加材料计划。列入临时追加材料计划的一般是急用材料,要作为重点供应。如费用超支和材料超用,应查明原因,分清责任,办理签证,由责任方承担经济责任。

## 二、材料计划的编制原则

### (一)综合平衡的原则

编制材料计划必须坚持综合平衡的原则。综合平衡是计划管理工作的一个重要内容,包括产需平衡、供求平衡、各供应渠道间平衡、各施工单位间的平衡等。

### (二)实事求是的原则

编制材料计划必须坚持实事求是的原则,材料计划的科学性就在于实事求是,深入调查研究,掌握正确数据,使材料计划可靠合理。

### (三)留有余地的原则

编制材料计划要留有余地,不能只求保证供应,扩大储备,结果形成材料积压。材料计划也不能留有缺口,避免供应脱节,影响生产。只有供需平衡,略有余地,才能确保供应充足。

## （四）严肃性和灵活性相统一的原则

材料计划对供、需两方面都有严格的约束作用,同时建筑施工受着多种主客观因素的制约,情况出现变化,也是在所难免的,所以在执行材料计划中,既要讲严肃性,又要适当重视灵活性,只有严肃性和灵活性相统一,才能保证材料计划的实现。

## 三、材料计划的编制程序

### （一）编制材料申请计划

需要上级供应的材料,应编制材料申请计划。材料申请量的计算公式为:

$$材料申请量 = 实际需用量 + 计划储备量 - 期初库存量 \qquad (3-5)$$

### （二）编制材料供应计划

供应计划是材料计划的实施计划。材料供应部门根据用料单位提报的申请计划及各种资源渠道的供货情况、储备情况,进行总需用量与总供应量的平衡,在此基础上编制对各用料单位或项目的供应计划,并明确供应措施。

### （三）编制供应措施计划

在供应计划中所明确的供应措施,必须有相应的实施计划。如市场采购须相应编制采购计划,加工订货须有加工订货合同及进货安排计划,以确保供应工作的完成。

材料采购计划实施时,企业外部影响因素主要表现在材料市场的变化因素和与施工生产相关的因素,如材料政策因素、自然气候因素、材料生产厂家及市场需求变化因素等。材料部门应及时了解和预测市场供求及变化情况,采取措施保证施工用料的稳定,掌握气候变化信息,特别是对冬、雨季期间的技术处理、劳动力调配、工程进度的变化调整等均应作出预计考虑。

综上所述,在编制材料计划过程中应做到实事求是,积极稳妥,不留缺口,使计划切实可行;执行过程中应做到严肃、认真,为达到计划的预期目标打好基础;定期检查和指导计划的执行,提高计划制订水平和执行水平,不断考核材料计划的完成情况及效果。

## 四、编制材料、设备配置管理实施方案

材料计划的编制只是计划工作的开始,更重要的工作是材料计划编制后,进行材料计划的实施,计划的实施阶段是材料计划工作的关键。

### （一）组织材料计划的实施

材料计划工作是以材料需用计划为基础的,材料供应计划是企业材料经济活动的主导计划,可使企业材料系统的各部门不仅了解本系统的总目标和本部门的具体任务,而且了解各部门在完成任务中的相互关系,组织各部门从满足施工需要总体要求出发,采取有效措施,保证各自任务的完成,从而保证材料计划的实施。

### （二）协调材料计划实施中出现的问题

材料计划在实施中常因受到内部或外部各种因素的干扰,影响材料计划的实现,一般有以下几种因素。

1. 施工任务的改变

计划实施中,施工任务的改变主要是指临时增加任务或临时削减任务等,一般是由于国家基建投资计划的改变、建设单位计划的改变或施工力量的调整等引起的。任务改变后材

料计划应作相应调整,否则就要影响材料计划的实现。

2. 设计变更

施工准备阶段或施工过程中,往往会遇到设计变更,影响材料的需用数量和品种规格,必须及时采取措施进行协调,尽可能减少影响,以保证材料计划执行。

3. 采购情况变化

材料到货合同或生产厂家的生产情况发生了变化,影响材料的及时供应。

4. 施工进度变化

施工进度计划的提前或推迟也会影响到材料计划的正确执行。

在材料计划发生变化时,要加强材料计划的协调作用,可做好以下几项工作:

(1)挖掘内部潜力,利用库存储备以解决临时供应不及时的矛盾。

(2)利用市场调节的有利因素,及时向市场采购。

(3)同供料单位协商,临时增加或减少供应量。

(4)与有关单位进行余缺调剂。

(5)在企业内部有关部门之间进行协商,对施工生产计划和材料计划进行必要修改。

为了做好协调工作,必须掌握材料使用动态,了解材料系统各个环节的工作进程,一般通过统计检查、实地调查、信息交流等方法,检查各有关部门对材料计划的执行情况,及时进行协调,以保证材料计划的实现。

(三)建立材料计划分析和检查制度

为了及时发现计划执行中的问题,保证计划的全面完成,建筑企业应从上到下按照计划的分级管理职责,在计划实施反馈信息的基础上进行计划的检查与分析。一般应建立以下几种计划检查与分析制度。

1. 现场检查制度

基层领导人员应经常深入施工现场,随时掌握生产过程中的实际情况,了解工程形象进度是否正常、资源供应是否协调、各专业队组是否达到定额及完成任务的好坏,做到及早发现问题、及时加以处理解决,并按实际向上一级反映情况。

2. 定期检查制度

建筑企业各级组织机构应有定期的生产会议制度,检查与分析计划的完成情况。例如,公司级生产会议每月 2 次,工程处一级每周 1 次,施工队则每日有生产碰头会。通过这些会议,检查分析工程形象进度、资源供应、各专业队组完成定额的情况等,做到统一思想、统一目标,及时解决各种问题。

3. 统计检查制度

统计是检查企业计划完成情况的有力工具,是企业经营活动的各个方面在时间和数量方面的计算与反映。它为各级计划管理部门了解情况、决策、指导工作、制订和检查计划提供可靠的数据与情况。通过统计报表和文字分析,及时准确地反映计划完成的程度和计划执行中的问题,反映基层施工中的薄弱环节,为揭露矛盾、研究措施、跟踪计划和分析施工动态提供依据。

(四)考核材料计划的执行效果

材料计划的执行效果,应该有一个科学的考评方法,一个重要内容就是建立材料计划指标体系,它包括下列指标:

（1）采购量及到货率。

（2）供应量及配套率。

（3）自有运输设备的运输率。

（4）流动资金占用额及周转次数。

（5）材料成本的降低率。

（6）主要材料的节约率和节约额。

# 第四节　材料、设备的采购

## 一、根据市场信息确定材料、设备的采购方式和采购时机

### （一）材料采购的方式

通常，材料采购有以下两种方式。

1. 直接采购方式

直接采购方式适用于供货商单一、独家经营的材料设备；使用量较少、费用非常低的材料设备；供应商档案清晰明了、市场价格透明的材料和设备。

2. 招标采购方式

招标采购方式适用于产品种类较多、生产厂家较多、竞争激烈的材料设备；需求量大、造价高的材料和设备；平时很少使用的材料和设备。

### （二）降低材料采购成本的措施

降低建筑材料的采购成本，通常有以下措施。

1. 建立采购制度

建立严格、完善的采购制度。采购制度应规定材料采购的申请、授权人的批准许可权、材料采购的流程、相关部门的责任和关系、各种材料采购的规定和方式、报价和价格审批等。比如，可在采购制度中规定采购的材料要向供应商询价、列表比较、议价，然后选择供应商，并把所选的供应商及其报价填在申购单上；还可规定超过一定数额的采购须附3个以上的书面报价及上级领导审批等，以供财务部门或内部审计部门核查。

2. 建立供应商档案和备案制度

对企业的供应商要建立档案，供应商档案除要有有关合法证件外，还要有联系方式、地址、银行账户、供应商评价。另外，注明付款条件、交货条件、交货日期等。供应商档案不断更新，每隔一段时间进行评估，不合格的清理出供应商队伍。供应商档案有专人管理，不断完善。

3. 建立内部市场价格体系

采购部门在采购材料价格的基础上建立材料内部价格体系，在采购过程中，原则上不能超过内部价格水平。如果超过内部价格水平，要对此进行书面说明并记录在案。对重要的采购要成立价格分析制度，不断根据市场情况进行更新、分析、预测。

### （三）选好采购时机，降低采购成本

现场材料需求与施工网络计划结合，材料供应从时间上考察，有如下特点：

（1）从某个起点开始，连续性的供应，直至某个终点，如主体混凝土和钢筋供应；

（2）从某个起点开始，间歇性的供应，直至某个终点，如砌体及拉结钢筋、管材；

（3）随主进程进展，既有一定约束性，又有一定机动性的供应，直至过程结束，如防水卷材施工；

（4）随主进程进展，有一定机动性的供应，直至过程结束，如窗户、栏杆、钢材。

根据不同的施工安排，还可以总结出其他的供应特点，总之，核心还是与网络计划的结合，以不影响相应工序正常进展为条件。

其中一个重要原则是，只能提前不能滞后，这是因为提前材料供应是施工准备的一部分，滞后就意味着整个工序的延期。除非这种滞后在整体上更有利，比如材料市场价格处于急剧下降中。

但是，超前供应到什么程度，整体上看企业的供料款源于业主拨款，必须考虑资金提前支付的财务成本。从市场波动看，必须把握整体供需情况变化，预测下一步价格变化，随机应变。从合同角度看，要根据甲乙方材料供应的分工及调价方式，确定各自的材料采购策略。

目前，大多数合同都没有供应时机的规定。但是，材料价格调价体系仍然会受到很多不确定因素的影响。这些不确定因素都与施工过程有关。在采购方式上，有一次进料方式，也有多次陆续进料方式，有与供料商合同包干的，也有零星市场采购的，还有自产自用的。如何计算某个时间段内的采购量，一般情况下，有两种计算方式可供借鉴：

（1）根据实际采购过程确认。在这种管理环境下，必须严格地考核进场环节，比如发票、进场检验、试验记录、工程使用进程等，建立完备的统计台账，为材料结算积累原始资料，这也是现场信息管理的重要一环。

（2）根据工程进度推算。即根据工程进程，反推材料应该进场的时机，这需要有合同依据，在合同中明确一个提前量，也是合同制定应考虑的问题。推算是建立在双方认可的现场施工网络基础上的，必须建立完备的施工进展记录，有一个权威的网络计划为计算基础。由于网络计划实施的动态性，超前与滞后是常有的事，必须严格考核工期变化的原因，这样做对现场管理的制约很大。一定意义上，因为材料利益，可能形成进度安排上的博弈。

这两种方式都有利有弊。实践中，以前一种方式应用居多。但两种方式的共同弊端是，供应量没有明确的约束，随现场有一定的随机性，一定意义上，材料管理成本处于模糊和不确定状态。对于材料价格波动的风险，应设定相应的方式，比如价格上涨因素再细分，根据不同的情况，制定不同的分担方式，可以修正量价计算中的纷争，从而平衡双方在材料管理上的利己倾向，为工程整体目标服务。

## 二、材料、设备的采购、订货的准备和谈判

### （一）材料采购清单

材料采购清单样表见表3-1。

### （二）采购标准

根据工程需要确定采购材料的标准，确定标准的依据包括施工图纸、图纸会审记录、图纸答疑纪要、图纸审查回复、设计变更单、现行材料质量验收规范、现行材料检测规范等。

### （三）调查供应商，并确定供应商

（1）为确保供方提供的材料满足设计、顾客、合同、质量和环境安全的要求，应对供方进行选择评价。

（2）A、B类材料必须对供方进行评价,C类材料可不进行供方评价,由项目部比选确定。

表 3-1　材料采购清单

工程名称：　　　　　　　　　　　　时间：　　　　　　　　　　　　编号：

| 序号 | 材料名称 | 规　格 | 材质 | 单位 | 数量 | 厂家或加工图 |
|---|---|---|---|---|---|---|
|  |  |  |  |  |  |  |
|  |  |  |  |  |  |  |
|  |  |  |  |  |  |  |
|  |  |  |  |  |  |  |
|  |  |  |  |  |  |  |
|  |  |  |  |  |  |  |

| 备注：日内到货 | | | |
|---|---|---|---|
| 说明:材料检验报告、质量保证书、合格证请随货同行。 | 公司 | | |
|  | 下单 | 制单 |  |
|  | 批准 | 合同号 |  |
|  |  | 共　页　第　页 | |

（3）评价内容主要包括供方的营业执照、税务登记证、生产资质有无,产品质量和环境安全保证能力、供货能力、服务和价格能否满足需要等。由项目部负责调查并填报"供方调查表",物资供应部组织评价并填写"供方评价表",报公司审批。

（4）物资供应部门集中管理材料供方档案,且对材料供方每年度组织一次复审,复审内容主要是供方供应材料的质量、环境安全、价格、售后服务及供货业绩等。根据复审结果把不合格供方剔除后,将合格续用及新增合格供方编列成新一期"合格供方名单"。

（5）供应商也可以通过招投标的方式确定。

**（四）与供应商谈判、签订合同**

一个成功的谈判应做好两个部分的工作,第一部分是了解谈判的过程,第二部分是进行谈判的准备。谈判过程包括理解谈判的定义和目的、何时进行谈判、有效谈判有哪些障碍、成功谈判者的特点、推动谈判的技巧和谈判中的洞察力。谈判准备包括了解对方的意图、确立自己和对手的地位、确定关键问题之所在、制定谈判战略和战术以及合理地组织。

1.谈判过程

从买方来讲,以下五个因素会导致谈判发生。

（1）至少两个以上供应商;

（2）卖方有意介入;

（3）有了清楚的规格;

（4）投标者间存在差异;

（5）采购额大到足以涵盖竞标成本。

成功谈判者的特点,包括计划能力、清晰而敏捷的思路、有强烈成功感、对他人意见的采纳能力、自制力、了解人性、善于倾听等。但所有这些都需要经过不断的训练和实践以及团队人员的互相补充。

推动谈判的技巧。一是吸取以往的教训,对刚完成的谈判进行小结,哪里成功,哪里不对,哪里要改,对方如何,这对以后都有帮助。二是小组会议,它可用以解决谈判小组内的分歧,对战略、战术进行修订。

2. 谈判的准备

（1）分析对方的方案。评估价格、运送、规格、付款和任何与自己的要求有出入的地方。记住对方的方案往往是对他们有利的。

（2）确立自己的目标。具体定下自己的价格、质量、服务、运送、规格、支付等要求。

（3）定下方案。对每个问题要定出最佳方案、目标方案以及最坏的方案,这可帮助制定相应策略。

（4）分析对方的地位。可估计一下对方可能的地位,这易于预测其谈判策略。至此已可以大致感觉出谈判的尺度范围。

（5）谈判战略和战术:

①将问题按重要性排序;

②聪敏的提问,以得到尽量多的信息,而不是"是"或"不是"的回答;

③有效地听;

④保持主动;

⑤利用可靠的资料;

⑥利用沉默,这可使对方感到紧张而进行进一步的讨论;

⑦避免情绪化,这会使谈判对人而不是对事;

⑧利用谈判的间隙重新思考,避免被对方牵制;

⑨不要担心说"不";

⑩清楚最后期限;

⑪注意体态语言;

⑫思路开阔,不要被预想的计划束缚创造性;

⑬把谈判内容记录下来,以便转成最终合同。

3. 签订供货合同,完成材料采购

1）合同的主要内容

数量、质量、价格、验收、运输方式、到货地点、付款方式等。施工单位与材料、设备供应商签订合同的材料、数量与技术要求必须满足设计图纸（或业主）的要求,业主对招标文件中规定范围内的材料、设备使用数量不予调整。施工单位必须根据经监理单位批准的材料、设备使用计划,上报甲供材料、甲供材料使用计划,上报的材料、设备使用时间,必须留出合理的业主选择供应商时间及供货周期。施工单位与材料、设备供应商所签合同,在签订3日后报内审部备案。

2）材料、设备价款结算及付款方式

施工单位与材料、设备供应商单独结算。施工单位必须严格按材料、设备采购合同及时付款,不允许拖欠材料、设备供应商价款。若施工单位违约,业主可采用代扣方式支付(从工程进度款中扣除拖欠材料、设备供应商价款,并由业主支付给供应商),由代扣产生的过程等有关费用(如管理费、税金等)由施工单位承担;如供应商违约,施工单位按双方签订的合同有关条款执行。

# 小　结

本章介绍了建筑及建筑材料市场、编制材料需用计划,材料、设备采购,使材料员全面掌握材料计划编制和材料、设备采购的方式。

# 习　题

1. 简述市场概念中包含的 4 层含义。
2. 简述建筑市场准入的方式。
3. 建筑市场基本运行要素有哪些?
4. 市场调查包括哪几个方面的内容?
5. 市场调查的方法有哪些?

# 第四章 建筑与市政工程材料、设备的验收和发放

【学习目标】

建筑与市政工程材料、设备的验收和发放是保证工程质量及节约工程成本的重要环节。通过本章的学习,要求掌握建筑及市政工程材料的验收与复验的基本知识和方法,水泥、钢材及常用施工设备等的验收与复验。

## 第一节 材料的进场验收与复验

### 一、材料进场验收与复验的意义

建筑与市政工程材料质量的优劣对工程质量有着最直接的影响,对所用建筑材料进行合格性检验,是保证工程质量的最基本环节。国家标准规定,无出厂合格证明或没有按规定复验的原材料,不得用于工程建设;在施工现场配制的材料,均应在试验室确定配合比,并在现场抽样检验。各项建筑材料的检验结果,是工程施工及工程质量验收必需的技术依据。因此,在工程的整个施工过程中,始终贯穿着材料的试验、检验工作,它是一项经常化的、责任性很强的工作,也是控制工程施工质量的重要手段之一。

建筑与市政材料的验收和复验,均应以产品的现行标准及有关的规范、规程为依据。建筑材料的产品标准分为国家标准、行业标准、地方标准和企业标准,各级标准分别由相应的标准化管理部门批准并颁布,国家技术监督局是我国国家标准化管理的最高机关。

进场验收是对进入施工现场的材料、设备等进行外观质量检查和规格、型号、技术参数及质量证明文件进行核查,并形成相应验收记录的活动。

进场复验是在对进入施工现场的材料、设备等进场验收合格的基础上,按照有关规定从施工现场抽取试样送至试验室进行部分或全部性能参数检验的活动。

进场材料必须严格按照供需双方在合同中约定的内容,按国家或地方(行业)验收规范进行质量、数量、环保、职业健康、安全卫生等方面的标准验收和复验。

### 二、材料进场验收与复验

#### (一)材料进场验收的准备

现场材料人员接到材料进场的预报后,要做好以下 5 项准备工作:

(1)检查现场施工便道有无障碍及是否平整通畅,车辆进出、转弯、调头是否方便,还应适当考虑回车道,以保证材料能顺利进场。

(2)按照施工组织设计的场地平面布置图的要求,选择好堆料场地,要求平整、没有积水。

(3)必须进现场临时仓库的材料,按照"轻物上架,重物近门,取用方便"的原则,准备好库位,防潮、防霉材料要事先铺好垫板,易燃、易爆材料一定要准备好危险品仓库。

（4）夜间进料要准备好照明设备。在道路两侧及堆料场地，要有足够的亮度，以保证安全生产。

（5）准备好装卸设备、计量设备、遮盖设备等。

**（二）材料进场验收的步骤**

现场材料的验收主要是检验材料品种、规格、数量和质量。验收步骤如下：

（1）查看送料单，看是否有误送。

（2）核对实物的品种、规格、数量和质量是否与凭证一致。

（3）检查原始凭证是否齐全、正确。

（4）做好原始记录，逐项详细填写收料日记，在验收情况登记栏中，必须将验收过程中发生的问题填写清楚。

（5）按规定必须复验的材料，由项目相关部门根据分工进行取样复验。

**（三）材料进场验收的基本要求**

材料进场验收的基本要求是准确、及时、严肃。

（1）准确。对入库材料的品种、规格型号、质量、数量、包装、价格及成套产品的配套性，进行认真验收，做到准确无误；执行合同条款的规定，如实反映验收情况，切忌主观臆断和存在偏见。

（2）及时。要求材料验收及时，不能拖拉，尽快在规定时间内验收完毕，如有问题及时提出验收记录，以便财务部门办理部分或全部拒付货款；或在10天内向供方提出书面异议，过期供方可不受理而视为无问题。一批到货要待全部验收完毕并办清入库手续后才能发放，不能边验边发，但紧急用料可另作处理。

（3）严肃。材料验收人员要有高度的责任感、严肃认真的态度、无私的精神，严格遵守验收制度和手续，对验收工作负全部责任，反对不正之风和不负责任的态度。

总之，材料验收工作要把好"三关"，做到"三不收"。"三关"是质量关、数量关、单据关；"三不收"是凭证手续不全不收、规格数量不符不收、质量不合格不收。

**（四）材料进场验收中发生问题的处理**

在材料进场验收中，如检查出数量不足、规格型号不符、质量不合格等问题，应实事求是地办理材料验收记录，及时报送业务主管部门处理。材料验收记录是退货、调换、索赔或追究违约责任的主要证明，应严肃、认真、如实地填写。

部分或全部材料由于数量、品种、规格、质量等问题不符合要求而不能验收的，除向供方提出书面异议外，对未验收的实物应妥善保存，不得动用。提前交货的产品、多交的产品和品种、规格、质量不符合规定的产品，应立即退货。若供方请求代管应办理委托代管手续，在代管期间实际支付的保管费、保养费及非因需方保管不善而发生的损失等，应由供方承担。但因需方保管不善而造成的代管品的损失，由需方承担。

除上述情况外，对下列问题应分别妥善处理：

（1）凡是证件不全的到库材料，应作待验收处理、临时保管，及时与有关部门联系催办，待证件齐全后再验收，但危险品或贵重材料则按规定保管方法进行代管或先暂验收，待证件齐全后补办手续。

（2）供方提供的质量证明书或技术标准与合同规定不符，应及时反映给业务主管部门处理；按规定应附质量证明书而到货无质量证明书的，在托收承付期内有权拒付货款，并将产品妥善保存,立即向供方索要质量证明书,供方应即时补送,超过合同交货期补送的,即作逾期交货处理。

(3)凡部分产品规格、质量不符合要求,可先将合格部分验收,不合格的单独存放,妥善保存,并部分拒付货款,作出材料验收记录,交业务部门处理。

(4)产品错发到货地点,供方除应负责转运到合同所定地方外,还应承担逾期交货的违约金和需方因此多支付的一切实际费用;需方在收到错发货物时,应妥善保存,通知对方处理;由于需方错填到货地点所造成的损失,由需方承担。

(5)数量与合同规定数量不符,大于合同规定的数量,其超过部分可以拒收并拒付超过部分的货款,拒收的部分实物应妥善保存,在10天内通知供方处理;少于合同规定的数量,需方凭有关合法证明拒付少供部分的货款,并在10天内通知供方。供方接到通知后,应在10天内答复处理,否则视为默认需方意见。逾期交货部分,供方应在发货前与需方协商,需方需要的,供方应照数补交,并负逾期交货的责任;需方不再需要的,应当在接到通知15天内通知供方,办理解除合同手续,逾期不答复的,视为同意发货。

(6)材料运输损耗,在规定损耗率以内的,仓库按数验收入库;不足数另填报运输损耗单冲销,达到账账相符。超过规定损耗率的,应填写运输损耗报告单。经业务主管批准后才能办理验收入库手续,未批准前材料不得动用。

# 第二节  进场材料、设备的验收与复验

## 一、水泥的验收与复验

水泥进场时,应对其品种、级别、包装或散装仓号、出厂日期等进行检查,并应对其强度、安定性及其他必要的性能指标进行复验,其质量必须符合现行国家标准的有关规定。在使用中对水泥质量有怀疑或水泥出厂超过3个月(快硬硅酸盐水泥超过1个月)时,应进行复验,并按复验结果使用。

钢筋混凝土结构、预应力混凝土结构中,严禁使用含氧化物的水泥。抹灰工程应对水泥的凝结时间和安定性进行复验。粘贴用水泥应对凝结时间、安定性和抗压强度指标进行复验。

### (一)水泥进场的验收

水泥进场时,应进行资料验收、数量验收和质量验收。

1. 资料验收

水泥进场时,应检查水泥出厂质量证明(3天强度报告),查看包装纸袋上的标志、强度报告单、供货单与采购计划上的品种、规格是否一致,散装水泥应有出厂的计量磅单。

2. 数量验收

数量验收必须两人参与。袋装水泥在车上或卸入仓库后点袋记数,同时对袋装水泥质量实行抽检,不能出现负差,破袋的水泥要重新灌装成袋并过秤计量;散装水泥可以实际过磅计量,也可按出厂磅单计量,但卸车应干净,验收后填制"材料进场计量检测原始记录表"。

3. 质量验收

查看水泥包装是否有破损,清点破损数量是否超标;用手触摸水泥袋或查看破损水泥是

否有结块;检查水泥袋上的出厂编号是否和发货单据一致,出厂日期是否过期;遇有两个供应商同时到货时,应详细验收,分别堆码,防止品种不同而混用;通知试验人员取样送检,督促供方提供28天强度报告。

**(二)常用水泥必试项目**

常用水泥必试项目包括水泥胶砂强度、水泥安定性和水泥凝结时间。

**(三)水泥试验取样方法**

水泥出厂前按同品种、同强度等级编号和取样。袋装水泥和散装水泥应分别进行编号与取样。每一编号为一取样单位。水泥出厂编号按年生产能力规定为:

(1)$200 \times 10^4$ t 以上,不超过 4 000 t 为一编号;

(2)$120 \times 10^4 \sim 200 \times 10^4$ t,不超过 2 400 t 为一编号;

(3)$60 \times 10^4 \sim 120 \times 10^4$ t,不超过 1 000 t 为一编号;

(4)$30 \times 10^4 \sim 60 \times 10^4$ t,不超过 600 t 为一编号;

(5)$10 \times 10^4 \sim 30 \times 10^4$ t,不超过 400 t 为一编号;

(6)$10 \times 10^4$ t 以下,不超过 200 t 为一编号。

取样方法按《水泥取样方法》(GB/T 12573—2008)进行。可连续取,也可从 20 个以上的不同部位取等量样品,总量至少 12 kg。当散装水泥运输工具的容量超过该厂规定出厂编号吨数时,允许该编号的数量超过取样规定吨数。

(1)散装水泥。对同一水泥厂生产的同期出厂的同品种、同强度等级的水泥,以一次进厂(场)的同一出厂编号的水泥为一批。但一批的总量不得超过 500 t。随机从不少于 3 个车罐中各采取等量水泥,经混合搅拌均匀后,再从中称取不少于 12 kg 水泥作为检验试样。

(2)袋装水泥。对同一水泥厂生产的同期出厂的同品种、同强度等级的水泥,以一次进厂(场)的同一出厂编号的水泥为一批。但一批的总量不得超过 200 t。随机从不少于 20 袋中各采取等量水泥,经混合搅拌均匀后,再从中称取不少于 12 kg 水泥作为检验试样。

(3)存放期超过 3 个月的水泥,使用前必须按批量重新取样进行复检,并按复检结果使用。

(4)建筑施工企业可按单位工程取样,但同一工程的不同单体工程共用水泥库时可以实施联合取样。

(5)构件厂、搅拌站应在水泥进厂(站)时取样,并根据储存、使用情况定期进行复检。

## 二、预拌(商品)混凝土的验收与复验

进入施工现场的预拌(商品)混凝土,应在见证人的见证下,由施工方依据"供货合同"和"预拌(商品)混凝土出厂质量证明书",对预拌(商品)混凝土进行抽检,抽检的频率应不少于规范的规定。

验收时,应查验预拌混凝土的运送时间,记录搅拌车的进场时间。当预拌混凝土的运送时间超过技术标准和合同规定时,应当退货。

对运送时间符合要求的预拌(商品)混凝土应按国家相应标准立即检验混凝土稠度(坍落度)、拌和物性能等技术性能指标,并予以记录;不符合要求的应退货,不得强行使用。混凝土到达现场后除检验坍落度外,还应观察混凝土有无离析和泌水现象,当发现有异常情况时,应及时通知混凝土生产单位技术人员前来处理。

当混凝土拌和物性能(稠度等)技术指标验收合格后,供货、施工方应当在"预拌(商品)

混凝土交接单"上会签。同时,在见证人的见证下,由施工方按相应标准规定在混凝土的浇筑地点(入模处)取样、制作、养护混凝土试块,到龄期后的混凝土试块应在见证人的见证下送到有资质的质量检测机构检验,并以此作为单位工程混凝土质量的评定依据。

预拌(商品)混凝土交货质量、混凝土稠度、拌和物性能等技术指标以进场验收结果为依据;混凝土强度以见证取样送检的试块强度为依据,其抽取、制备及养护方法按规范规定进行;其他质量指标和质量责任的判定由供需双方根据技术标准在合同中约定。混凝土运送时,严禁在运输车筒内任意加水。通常情况下,普通(商品)混凝土的坍落度为 80 ~ 180 mm。为保证混凝土的和易性,要考虑温度的影响。尤其是在夏季施工,应采取相应的措施,运至工地的混凝土应在规定时间内浇筑完毕。在浇筑现场不得擅自加水或改变混凝土的坍落度,如工地确有需要,要求改变混凝土的坍落度时,必须经施工方质量负责人签字方可。

预拌(商品)混凝土的运输,工地现场的交接、验收,见证试块的取样、制作及养护等技术,按预拌混凝土相关的国家标准和技术规范执行。

(一)检验项目

(1)通用品应检验混凝土强度和坍落度。

(2)特制品除检验(1)中所列项目外,还应按合同规定检验其他项目。

(3)掺有引气剂型外加剂的混凝土应检验含气量。

(二)取样

(1)用于出厂检验的混凝土试样应在搅拌地点采取,用于交货检验的混凝土试样应在交货地点采取。

(2)交货检验的混凝土试样的采取及坍落度试验应在混凝土运到交货地点时开始算起,20 min 内完成。试件的制作应在 40 min 完成。

(3)交货检验的混凝土试样应随机从同一运输车中抽取,混凝土试样应在卸料过程中卸料量为交货量的 1/4 ~3/4 时采取。

(4)每个试样量应为混凝土质量检验项目所需用量的 1.5 倍,且不宜少于 0.02 m³。

(5)进行混凝土强度检验的试样,其取样频率应按下列规定进行:

①用于出厂检验的试样,每 100 盘相同配合比的混凝土取样不得少于 1 次;每个工作班相同配合比的混凝土不足 100 盘时,取样也不得少于 1 次。

②用于交货检验的试样应按现行《混凝土结构工程施工质量验收规范》(GB 50204—2015)规定进行。

(6)混凝土拌和物坍落度检验,试样的取样频率应与混凝土强度检验试样的取样频率一致。

(7)对有抗渗要求的混凝土进行抗渗检验的试样,用于出厂及交货检验的取样频率均应为同一工程、同一配合比的混凝土不得少于 1 次。留置组数可根据实际需要确定。

(8)对有抗冻要求的混凝土进行抗冻检验的试样,用于出厂及交货检验的取样频率均应为同一工程、同一配合比的混凝土不得少于 1 次。留置组数可根据实际需要确定。

(9)对预拌混凝土的含气量及有特殊要求项目的检验,试样的取样频率应按合同规定进行。

(三)合格判定

(1)强度的检验结果满足规范规定为合格。

（2）坍落度和含气量的检验结果分别符合规范规定为合格；若不符合要求，则应立即用试样余下部分或重新取样进行检验，若第二次检验结果分别符合规范规定时，仍为合格。

（3）氯离子总含量的计算结果符合规范规定为合格。

（4）混凝土放射性核素放射性比活度满足规范规定为合格。

（5）特殊要求项目的检验结果符合合同规定的要求为合格。

**（四）强度评定**

（1）试块组数按规范规定执行。

（2）同批试块少于 10 组，用非统计法评定。

（3）同批试块不少于 10 组，用统计法评定。

（4）混凝土强度合格的判定，采用综合判定系数法判定。

## 三、砂浆的验收与复验

**（一）预拌砂浆**

（1）供需双方应在合同规定的交货地点交接预拌砂浆，并应在交货地点对预拌砂浆质量进行检验。交货检验的取样检验工作，由供需双方协商确定承担单位，委托供需双方认定的有检验资质的检验单位，应在合同中予以明确。

（2）当判定预拌砂浆质量是否符合要求时，强度、稠度以交货检验结果为依据；分层度、凝结时间以出厂检验结果为依据；其他检验项目应按合同规定执行。

（3）取样与组批。

①用于交货检验的砂浆试样应在交货地点采取，用于出厂检验的砂浆试样应在搅拌地点采取。

②交货检验的砂浆试样应在砂浆运送到交货地点后按《建筑砂浆基本性能试验方法标准》（JGJ/T 70—2009）的规定在 20 min 内完成，稠度测试和强度试块的制作应在 30 min 内完成。

③试样应随机从运输车中采取，且在卸料过程中卸料量为交货量的 1/4 ~ 3/4 时采取。

④每个试样量应为砂浆质量检验项目所需用量的 1.5 倍，且不宜少于 0.01 m³。

⑤进行砂浆强度检验的试样，其取样频率和组批条件应按以下规定进行：

a. 用于出厂检验的试样，每 50 m³ 相同配合比的砌筑砂浆，取样不得少于 1 次，每个工作班相同配合比的砂浆不满 50 m³ 时，取样也不得少于 1 次；抹灰和地面砂浆每个工作班取样不得少于 1 次。

b. 预拌砂浆必须提供质量证明书。用于交货检验的试样，预拌的砌筑砂浆应按现行相关规范的规定执行。

**（二）干粉砂浆**

干粉砂浆必须提供质量证明书。普通干粉砂浆包装袋上应标明产品名称、代号、强度等级、生产厂名和地址、净含量、加水量范围、保质期、包装年月日和编号，以及执行标准号；特种干粉砂浆包装袋上应标明产品名称、生产厂名和地址、净含量、加水量范围、保质期、包装年月日和编号，以及执行标准号。若采用小包装，应附产品使用说明书。

散装干粉砂浆采用罐装车将干粉砂浆运输至施工现场，并提交与袋装标志相同内容的卡片。交货检验以抽取实物试样的检验结果为验收依据时，供需双方应在发货地或交货地共同取样和签封。每一编号的取样应随机进行，普通干粉至少取样 80 kg，特种干粉至少取样 10 kg。试样缩分为两等份，一份由供方保存 40 天，一份由需方按规定的项目和方法进行检验。普通干粉砂浆检验项目为强度、分层度、凝结时间。特种干粉砂浆应根据不同品种进行相应项目的检验。有抗渗要求的砂浆还应根据设计要求检验砂浆的抗渗指标。

### （三）合格判定

**1. 预拌砂浆**

（1）强度、凝结时间的检验结果符合规定为合格。

（2）稠度、分层度的检验结果符合规定为合格，若不符合要求，则应立即用余下试样进行复验。若复验结果符合规定，仍为合格；若复验结果仍不符合规定，为不合格。

（3）对稠度不符合规定要求的砂浆，需方有权拒收和退货。

（4）对凝结时间或稠度损失不合格的砂浆，供方应立即通知需方。

**2. 干粉砂浆**

普通干粉砂浆试验结果应以符合规范的规定为合格。

## 四、钢材的验收与复验

建筑钢材从钢厂到施工现场经过了商品流通的多道环节，建筑钢材的验收是质量管理中必不可少的环节。

### （一）验收的四项基本要求

建筑钢材必须按批进行验收，并须达到下述的四项基本要求，下面以工程中常用的带肋钢筋为例予以说明。

**1. 订货和发货资料应与实物一致**

检查发货码单和质量证明书内容是否与建筑钢材标牌标志上的内容相符。对钢筋混凝土用热轧带肋钢筋、冷轧带肋钢筋和预应力混凝土用钢材（钢丝、钢棒和钢绞线）必须检查其是否有《全国工业产品生产许可证》。为防止施工现场带肋钢筋等产品的《全国工业产品生产许可证》和产品质量证明书的造假现象，施工单位、监理单位可通过国家质量监督检验检疫总局网站进行带肋钢筋等产品生产许可证获证企业的查询。

**2. 检查包装**

除大中型型钢外，不论是钢筋还是型钢，都必须成捆交货，每捆必须用钢带、盘条或铁丝均匀捆扎结实，端面要求平齐，不得有异类钢材混装现象。每一捆扎件上一般都拴有两个标牌，上面注明生产企业名称或厂标、牌号、规格、炉罐号、生产日期、带肋钢筋生产许可证标志和编号等内容。按照《钢筋混凝土用钢　第 2 部分：热扎带肋钢筋》（GB 14990.2—2007）规定，带肋钢筋生产企业都应在自己生产的热轧带肋钢筋表面轧上明显的牌号标志，并依次轧上厂名（或商标）和直径（mm）。

直径不大于 10 mm 的钢筋，可不轧制标志，可挂标牌。

施工单位和监理单位应加强施工现场热轧带肋钢筋生产许可证、产品质量证明书、产品表面标志和产品标牌一致性的检查。对所购热轧带肋钢筋委托复检时，必须截取带有产品表面标志的试件送检，并在委托检验单上如实填写生产企业名称、产品表面标志等内容，建材检验机构应对产品表面标志及送检单位出示的生产许可证复印件和质量证明书进行复核。不合格热轧带肋钢筋加倍复检所抽检的产品，其表面标志必须与企业先前送检的产品一致。

**3. 对建筑钢材质量证明书内容进行审核**

质量证明书必须字迹清楚。质量证明书中应注明：供方名称或厂标，需方名称，发货日期，合同号，标准号及水平等级，牌号，炉罐（批）号、交货状态、加工用途、质量、支数或件数，品种名称、规格尺寸(型号)和级别,标准中所规定的各项试验结果(包括参考性指标),技术监督部门印章等。

钢筋混凝土用热轧带肋钢筋的产品质量证明书上应印有生产许可证编号和该企业产品表面标志,冷轧带肋钢筋的产品质量证明书上应印有生产许可证编号。质量证明书应加盖生产单位公章或质检部门检验专用章。若建筑钢材是通过中间供应商购买的,则质量证明书复印件上应注明购买时间、供应数量、买受人名称、质量证明书原件存放单位,在建筑钢材质量证明书复印件上必须加盖中间供应商的红色印章,并有送交人的签名。

4.建立材料台账

建筑钢材进场后,施工单位应及时建立"建设工程材料采购验收检验使用综合台账",监理单位可设立"建设工程材料监理监督台账"。内容包括材料名称、规格品种、生产单位、供应单位、进货日期、送货单编号、实收数量、生产许可证编号、质量证明书编号、产品标志、外观质量情况、材料检验日期、检验报告编号、材料检测结果、工程材料报审表签认日期、使用部位、审核人员签名等。

**(二)实物质量的验收**

建筑钢材的实物质量主要是判定所送检的钢材是否满足规范及相关标准要求,现场所检测的建筑钢材尺寸偏差是否符合产品标准规定,外观缺陷是否在标准规定的范围内,对建筑钢材的锈蚀现象,各方也应给予足够的重视。

1.常用钢材必试项目、组批原则及取样规定

常用钢材必试项目、组批原则及取样规定见表4-1。

表4-1　常用钢材必试项目、组批原则及取样规定

| 序号 | 材料名称及相关标准规范代号 | 试验项目 | 组批原则及取样规定 |
|---|---|---|---|
| 1 | 碳素结构钢(GB/T 1499.2—2007) | 必试:拉伸试验(屈服点、抗拉强度、伸长率)、弯曲试验、重量偏差 | 同一厂别、同一炉罐号、同一规格、同一交货状态每60 t为一验收批,不足60 t也按一批计。每一验收批取一组试件(拉伸、弯曲各1个) |
| 2 | 钢筋混凝土用热轧带肋钢筋(GB/T 1499.2—2007) | 必试:拉伸试验(屈服点、抗拉强度、伸长率)、弯曲试验;其他:反向弯曲、化学成分、重量偏差 | 同一厂别、同一炉罐号、同一规格、同一交货状态每60 t为一验收批,不足60 t也按一批计。每一验收批,在任选的两根钢筋上切取试件(拉伸、弯曲各2个) |
| 3 | 钢筋混凝土用热轧光圆钢筋(GB/T 1499.1—2008) | | |
| 4 | 钢筋混凝土用余热处理钢筋(GB/T 13014—2013) | | |
| 5 | 低碳钢热轧圆盘条(GB/T 701—2008) | 必试:拉伸试验(屈服点、抗拉强度、伸长率)、弯曲试验;其他:化学成分、重量偏差 | 同一厂别、同一炉罐号、同一规格、同一交货状态每60 t为一验收批,不足60 t也按一批计。每一验收批取一组试件(拉伸1个、弯曲2个)(取自不同盘) |

| 序号 | 材料名称及相关标准规范代号 | 试验项目 | 组批原则及取样规定 |
|---|---|---|---|
| 6 | 冷轧带肋钢筋（GB 13788—2008） | 必试:拉伸试验(屈服点、抗拉强度、伸长率)、弯曲试验;其他:松弛率、化学成分、重量偏差 | 同一厂别、同一炉罐号、同一规格、同一交货状态每 60 t 为一验收批,不足 60 t 也按一批计。每一验收批取拉伸试件 1 个(逐盘),弯曲试件 2 个(每批),松弛试件 1 个(定期)。在每盘中的任意一端截去 500 mm 后切取 |
| 7 | 冷轧扭钢筋（JG 190—2006） | 必试:拉伸试验(屈服点、抗拉强度、伸长率)、弯曲试验、重量、节距、厚度 | 同一牌号、同一规格尺寸、同一台轧机、同一台班每 20 t 为一验收批,不足 20 t 也按一批计。每批取弯曲试件 1 个,拉伸试件 2 个,重量、节距、厚度试件各 3 个 |
| 8 | 预应力混凝土用钢丝（GB/T 5223—2014） | 必试:抗拉强度、伸长率、弯曲试验;其他:屈服强度、松弛率(每季度抽验) | 同一牌号、同一规格尺寸、同一生产工艺捻制的钢丝组成,每批质量不大于 60 t。钢丝的检验应按 GB/T 2103 的规定执行。在每盘钢丝的两端取样进行抗拉强度、弯曲和伸长率试验。屈服强度和松弛率试验每季度抽验 1 次,每次至少 3 根 |
| 9 | 预应力混凝土用钢棒（GB/T 5223.3—2017） | 必试:抗拉强度、伸长率、平直度;其他:规定非比例伸长应力、松弛率 | 钢棒应成批验收,每批由同一牌号、同一外形、同一公称截面尺寸、同一热处理捻制加工的钢棒组成。无论交货状态是盘卷还是直条,检件均在端部取样,各试验项目取样均为 1 根。必试项目的批量划分按交货状态和公称直径而定:<br>盘卷直径≤13 mm,批量≤5 盘;<br>直条直径≤13 mm,批量≤1 000 条;<br>直条直径≥26 mm,批量≤100 条 |
| 10 | 预应力混凝土用钢绞线（GB/T 5224—2014） | 必试:整根钢绞线的最大力、规定非比例延伸力、规定总延伸力、最大伸长率、尺寸测量;其他:弹性模量 | 预应力钢绞线应成批验收,每批由同一牌号、同一规格、同一生产工艺捻制的钢绞线组成,每批质量不大于 60 t,从每批钢绞线中任选 3 盘。每盘所选的钢绞线端部正常部位截取一根进行表面质量、直径偏差、捻距和力学性能试验。如每批少于 3 盘,则应逐盘进行上述试验。屈服和松弛试验每季度抽检 1 次,每次不少于 1 根 |

| 序号 | 材料名称及相关标准规范代号 | 试验项目 | 组批原则及取样规定 |
|---|---|---|---|
| 11 | 一般用途低碳钢丝（YB/T 5294—2009） | 必试:抗拉强度、180°弯曲试验次数、伸长率（标距 100 mm） | 每批钢丝应由同一尺寸、同一锌层级别、同一交货状态的钢丝组成。从每批中抽查 5%，但不少于 5 盘进行形状、尺寸和表面检查。从上述检查合格的钢丝中抽取 5%，优质钢抽取 10%，但不少于 3 盘，拉伸、反复弯曲试验每盘 1 个(任意端) |

**2．取样方法**

可在每批材料或每盘中任选两根钢筋，距端部 500 mm 处截取拉伸和弯曲试样。试样长度应根据钢筋种类、规格及试验项目而定。钢筋试样长度见表 4-2。

**表 4-2　钢筋试样长度**　　　　　　　　　　　（单位:mm）

| 试样直径 | 拉伸试样长度 | 弯曲试样长度 | 反复试样长度 |
|---|---|---|---|
| 6.5～20 | 300～400 | 250 | 150～250 |
| 25～32 | 350～450 | 300 | |

**3．检验要求**

1）外观质量检查

（1）尺寸测量:直径、不圆度、肋高等应符合标准规定;

（2）表面质量:不得有裂纹、结疤、折叠、凸块或凹陷;

（3）质量偏差:试样不少于 10 根，总长度不小于 60 m，长度逐根测量精确到 10 mm。试样总质量不大于 100 kg 时，精确到 0.5 kg;试样总质量大于 100 kg 时，精确到 1 kg。质量偏差应符合规定。

2）检验要求

热轧光圆钢筋、热轧带肋钢筋、余热处理钢筋的力学性能、工艺性能检验应符合标准规定。

**4．检验结果及质量判定**

试验用试样数量、取样规则及试验方法必须按标准规定。如果有某一项试验结果不符合标准要求，则在同一批中再取双倍数量的试样进行该不合格项目的复验。复验结果(包括该项试验所要求的任一指标)，即使只有一个指标不合格，该批钢筋也判定为不合格。

## 五、墙体材料的验收与复验

### (一)验收的五项基本要求

墙体材料的验收是工程质量管理的重要环节。墙体材料必须按批进行验收,并达到下述五项基本要求。

**1. 送货单与实物必须一致**

检查送货单上的生产企业名称、产品品种、规格、数量是否与实物相一致,是否有异类墙体材料混送现象。

**2. 对墙体材料质量保证书内容进行审核**

墙体材料质量保证书必须字迹清楚。质量保证书中应注明:质量保证书编号,生产单位名称、地址、联系电话,用户单位名称,产品名称、执行标准及编号、规格、等级、数量、批号、生产日期、出厂日期,产品出厂检验指标(包括检验项目、标准指标值、实测值)。

墙体材料质量保证书应加盖生产单位公章或质检部门检验专用章。若墙体材料是通过中间供应商购入的,仍应要求提供生产单位出具的质量保证书原件。实在不能提供的,则质量保证书复印件上应注明购买时间、供应数量、买受人名称、质量保证书原件存放单位,在墙体材料质量保证书复印件上必须加盖中间供应商的红色印章,并有送交人的签名。

**3. 对产品的标志等实物特征进行验收**

如有要求,各混凝土小砌块生产企业在所生产的砌块上刷上标志,砌块上不同的标志颜色对应不同的产品强度等级。不同的编号反映不同企业生产的混凝土小砌块产品,并规定砌块上标志的涂刷量应占产品总数的30%以上。

另外,还可对一些反映企业特征的产品标志进行鉴别和确认。

**4. 核验产品型式试验报告**

建筑板材产品应有生产单位出具的有效期内的产品型式试验报告,报告复印件上应注明买受人名称、型式试验报告原件存放单位,在型式试验报告复印件上必须加盖生产单位或中间供应商的红色印章,并有送交人的签名。

**5. 建立材料台账**

墙体进场后,施工单位应及时建立"建设工程材料采购验收检验使用综合台账"。监理单位可设立"建设工程材料监理监督台账"。内容包括材料名称、规格品种、生产单位、供应单位、进货日期、送货单编号、实收数量、生产许可证编号、质量证明书编号、产品标志、外观质量情况、材料检验日期、检验报告编号、材料检测结果、工程材料报审表签认日期、使用部位、审核人员签名等。

### (二)实物质量验收

墙体材料的实物质量验收主要是判定所送检的墙体材料是否满足规范及相关标准的要求,现场所检测的墙体材料尺寸偏差是否符合产品标准规定,外观缺陷是否在标准规定的范围内。

常用墙体材料必试项目、组批原则及取样规定见表4-3。

表 4-3　常用墙体材料必试项目、组批原则及取样规定

| 序号 | 材料名称及相关标准规范代号 | 试验项目 | 组批原则及取样规定 |
|---|---|---|---|
| 1 | 烧结普通砖<br>（GB/T 5101—2003） | 必试:抗压强度;<br>其他:抗风化、泛霜、石灰爆裂、抗冻性 | 1. 每 15 万块为一验收批,不足 15 万块也按一批计。<br>2. 每一验收批随机抽取一组试样(10 块) |
| 2 | 烧结多孔砖<br>（GB/T 13544—2011） | 必试:抗压强度;<br>其他:抗风化、泛霜、石灰爆裂、吸水率 | 1. 每 15 万块为一验收批,不足 15 万块也按一批计。<br>2. 每一验收批随机抽取一组试样(10 块) |
| 3 | 烧结空心砖和空心砌块<br>（GB/T 13545—2014） | 必试:抗压强度(大条面);<br>其他:密度、冻融、泛霜、石灰爆裂、吸水率 | 1. 每 3.5 万 ~ 15 万块为一验收批,不足 3.5 万块也按一批计。<br>2. 每批从尺寸偏差和外观质量检验合格的砖中随机抽取一组(5 块)进行抗压强度试验 |
| 4 | 蒸压粉煤灰砖<br>（JC/T 239—2014） | 必试:抗压强度、抗折强度;<br>其他:抗冻性、干燥收缩 | 1. 每 10 万块为一验收批,不足 10 万块也按一批计。<br>2. 每一验收批随机抽取一组试样(20 块) |
| 5 | 蒸压灰砂砖<br>（GB 11945—1999） | 必试:抗压强度、抗折强度;<br>其他:密度、抗冻性 | 1. 每 10 万块为一验收批,不足 10 万块也按一批计。<br>2. 每一验收批随机抽取一组试样(120 块) |
| 6 | 普通混凝土小型砌块<br>（GB/T 8239—2014） | 必试:抗压强度(大条面);<br>其他:抗折强度、密度、空心率、含水率、吸水率、干燥收缩软化系数、抗冻性 | 1. 每 1 万块为一验收批,不足 1 万块也按一批计。<br>2. 每批从尺寸偏差和外观质量检验合格的砌块中,随机抽取一组抗压强度试验试样(5 块) |
| 7 | 轻集料混凝土小型空心砌块<br>（GB/T 15229—2011） | 必试:抗压强度;<br>其他:抗折强度、密度、空心率、含水率、吸水率、干燥收缩软化系数、抗冻性 | |

| 序号 | 材料名称及相关标准规范代号 | 试验项目 | 组批原则及取样规定 |
|------|----------------|---------|------------------|
| 8 | 蒸压加气混凝土砌块（GB 11968—2006） | 必试：抗压强度、干体积密度；其他：干燥收缩、抗冻性、导热性 | 1. 每1万块为一验收批，不足1万块也按一批计。<br>2. 每批从尺寸偏差和外观质量检验合格的砌块中，制作3组试件进行抗压强度试验，制作3组试件进行干体积密度检查 |

## 六、防水材料的验收与复验

防水材料进场后，应按验收规范的规定复检其部分性能及指标。现场复检的项目既有外观质量方面的，也有物理性能指标方面的。

### （一）防水涂料的现场检查

1. 现场检验批的确定

进场的防水涂料应按品种、规格分别堆放。同一品种、同一规格的涂料作为一个检验批进行抽样。如涂料分阶段进场时，每批进场的涂料均应按一个检验批进行抽样检验。

2. 取样规定

抽检的防水涂料的物理性能指标如有一项指标不合格，应检项目中加倍取样复检，全部达到标准规定的为合格；否则，为不合格产品。不合格的防水涂料严禁在工程中使用。

3. 抽样数量与复验项目

防水涂料现场抽样数量和复验项目见表4-4。

**表4-4　防水涂料现场抽样数量和复验项目**

| 序号 | 材料名称 | 抽样数量 | 外观检验 | 物理性能 |
|------|---------|---------|---------|---------|
| 1 | 高聚物改性沥青防水涂料 | 每10 t为一批，不足10 t也按一批计 | 包装完好无损，且标明涂料名称、生产日期、厂名、产品有效期。无沉淀、凝胶、分层 | 固含量、耐热度、柔度、不透水性、延伸率 |
| 2 | 合成高分子防水涂料 | 每10 t为一批，不足10 t也按一批计 | 包装完好无损，且标明涂料名称、生产日期、厂名、产品有效期 | 固含量、拉伸强度、断裂延伸率、柔度、不透水性 |
| 3 | 胎体增加材料 | 每300 m² 为一批，不足300 m² 也按一批计 | 均匀、无团状、平整，无折皱 | 拉力、延伸率 |

## （二）防水密封材料的现场检查

防水密封材料的现场抽样数量和复验项目见表4-5。

表4-5　防水密封材料的现场抽样数量和复验项目

| 序号 | 材料名称 | 抽样数量 | 外观检验 | 物理性能 |
|---|---|---|---|---|
| 1 | 改性石油沥青密封材料 | 每2 t为一批,不足2 t也按一批计 | 黑色均匀膏状,无结块和未浸透的填料 | 耐热度、低温柔度、拉伸黏结性、施工度 |
| 2 | 合成高分子防水密封材料 | 每1 t为一批,不足1 t也按一批计 | 均匀膏状,无结皮、凝胶或不易分散的固体块体 | 柔度,拉伸黏结性 |

## （三）防水卷材的现场检查

防水卷材现场抽样数量和复验项目见表4-6。

表4-6　防水卷材现场抽样数量和复验项目

| 序号 | 材料名称 | 抽样数量 | 外观检验 | 物理性能 |
|---|---|---|---|---|
| 1 | 改性沥青防水卷材 | 大于1 000卷抽验5卷,每501～1 000卷抽验4卷,100～500卷抽验3卷,100卷以下抽验2卷,进行规格、尺寸和外观质量检验。在外观质量检验合格的卷材中,任取1卷作物理性能检验 | 孔洞、露胎、缺边、硌伤、裂口、涂盖不均、折纹、皱纹、裂纹、每卷卷材的接头 | 纵向拉力,耐热度、柔度、不透水性 |
| 2 | 高聚物改性沥青防水卷材 | 大于1 000卷抽验5卷,每501～1 000卷抽验4卷,100～500卷抽验3卷,100卷以下抽验2卷,进行规格、尺寸和外观质量检验。在外观质量检验合格的卷材中,任取1卷作物理性能检验 | 孔洞、缺边、裂口、边缘不整齐、胎体露白未浸透、撒布材料粒度、颜色、每卷卷材的接头 | 拉力,最大拉力时延伸率,耐热度,低温柔度,不透水性 |
| 3 | 合成高分子防水卷材 | 大于1 000卷抽验5卷,每501～1 000卷抽验4卷,100～500卷抽验3卷,100卷以下抽验2卷,进行规格、尺寸和外观质量检验。在外观质量检验合格的卷材中,任取1卷作物理性能检验 | 折痕、杂质、胶块、凹痕,每卷卷材的接头 | 断裂拉伸强度,扯断伸长率,低温弯折性,不透水性 |

## 七、保温隔热材料的验收与复验

**(一)建筑幕墙节能工程保温隔热材料**

(1)用于幕墙节能工程的材料、构件等,其品种、规格应符合设计要求和相关标准的规定。

检验方法:观察、尺量检查,核查质量证明文件。

检查数量:按进场批次,每批随机抽取 3 个试样进行检查;质量证明文件应按照其出厂检验批进行核查。

(2)幕墙节能工程使用的保温隔热材料,其导热系数、密度、燃烧性能应符合设计要求。幕墙玻璃的传热系数、遮阳系数、可见光透射比、中空玻璃露点应符合设计要求。

检验方法:核查质量证明文件和进场复验报告。

检查数量:全数核查。

(3)幕墙节能工程使用的保温材料、构件等进场时,应对其导热系数、密度性能进行复验,复验应为见证取样送检。

**(二)屋面节能工程保温隔热材料**

(1)用于屋面节能工程的保温隔热材料,其品种、规格应符合设计要求和相关标准的规定。

检验方法:观察、尺量检查,核查质量证明文件。

检查数量:按进场批次,每批随机抽取 3 个试样进行检查;质量证明文件应按照其出厂检验批进行核查。

(2)屋面节能工程使用的保温隔热材料,其导热系数、密度、抗压强度或压缩强度、燃烧性能应符合设计要求。

检验方法:核查质量证明文件和进场复验报告。

检查数量:全数检查。

(3)屋面节能工程使用的保温隔热材料,进场时应对其导热系数、密度、抗压强度或压缩强度、燃烧性能进行复验,复验应为见证取样送检。

检验方法:随机抽样送检,核查复验报告。

检查数量:同一厂家、同一品种的产品各抽查不少于 3 组。

**(三)墙体节能工程保温隔热材料**

(1)用于墙体节能工程的材料、构件等,其品种、规格应符合设计要求和相关标准的规定。

检验方法:观察、尺量检查,核查质量证明文件。

检查数量:按进场批次,每批随机抽取 3 个试样进行检查;质量证明文件应按照其出厂检验批进行核查。

(2)墙体节能工程使用的保温隔热材料,其导热系数、密度、抗压强度或压缩强度、燃烧性能应符合设计要求。

检验方法:核查质量证明文件和进场复验报告。

检查数量:全数检查。

(3)墙体节能工程使用的保温材料和黏结材料,进场时应对其导热系数、密度、抗压强度或压缩强度进行复验,复验应为见证取样送检。

检验方法:随机抽样送检,核查复验报告。

检查数量:同一厂家、同一种品种的产品,当单位工程建筑面积在 20 000 m² 以下时,各抽查不少于 3 次;当单位工程建筑面积在 20 000 m² 以上时,各抽查不少于 6 次。

**(四)地面节能工程保温材料**

(1)用于地面节能工程的保温材料,其品种、规格应符合设计要求和相关标准的规定。

检验方法:观察、尺量或称重检查,核查质量证明文件。

检查数量:按进场批次,每批随机抽取 3 个试样进行检查;质量证明文件应按其出厂检验批进行核查。

(2)地面节能工程使用的保温材料,其导热系数、密度、抗压强度或压缩强度、燃烧性能应符合设计要求。

检验方法:核查质量证明文件和进场复验报告。

检查数量:全数检查。

(3)地面节能工程采用的保温材料,进场时应对其导热系数、密度、抗压强度或压缩强度、燃烧性能进行复验,复验应为见证取样送检。

检验方法:随机抽样送检,核查复验报告。

检查数量:同一厂家、同一品种的产品各抽查不少于 3 组。

## 八、公路沥青及混合料、土工合成材料的验收与复验

**(一)公路沥青及混合料的验收与复验**

(1)施工前必须检查各种材料的来源和质量。对经招标程序购进的沥青、集料等重要材料,供货单位必须提交最新检测的正式试验报告。从国外进口的材料应提供该批材料的船运单。对首次使用的集料,应检查生产单位的生产条件、加工机械、覆盖层的清理情况。所有材料都应按规定取样检测,经质量认可后方可订货。

(2)各种材料都必须在施工前以批为单位进行检查,不符合规范技术要求的材料不得进场。对各种矿料,是以同一料源、同一次购入并运至生产现场的相同规格材料为一批;对于沥青,是以从同一来源、同一次购入且储入同一沥青罐的同一规格的沥青为一批。材料试样的取样数量与频度按现行试验规程的规定进行。

(3)工程开始前,必须对材料的存放场地、防雨和排水措施进行确认,不符合规范要求时材料不得进场。进场的各种材料的来源、品种、质量应与招标及提供的样品一致,不符合要求的材料严禁使用。

(4)使用成品改性沥青的工程,应要求供应商提供所使用的改性剂型号、基质沥青的质量检测报告。使用现场改性沥青的工程,应对试生产的改性沥青进行检测。质量不合格的不可使用。

(5)正式开工前,各种原材料的试验结果,以及据此进行的目标配合比设计和生产配合比设计结果,应在规定的期限内向业主及监理提出正式报告,待取得正式认可后,方可使用。

**(二)土工合成材料的验收与复验**

土工合成材料的进场验收,应检查产品标签、生产厂家、产品批号、生产日期、有效期限等。

以同规格、同品种的土工合成材料为一验收批,每批抽查5%,应对土工合成材料单位面积的质量、厚度、密度、强度、延伸率作检验,性能指标应满足设计要求。土工合成材料的抽样检验可根据设计要求和使用功能,按照《公路工程土工合成材料试验规程》(JTG E50—2006)进行试验。

规定中有以批为单位,这是因为在一个工程中,材料可能要分几次购入;或购入材料时,材料、生产厂家发生变化,故规定每批都得试验。数量太少时,不宜分批购入,以免影响材料的稳定性。

除施工单位进行自检外,监理单位也应进行一定频度的抽检,合格后方可用于工程。

对紫外线敏感、易老化的土工合成材料必须在室内存放,且应在生产厂家提供的质量保证书规定的有效期内使用。

## 九、给排水及采暖工程材料的验收与复验

(1)建筑给水、排水工程及采暖工程所使用的主要材料、成品、半成品、配件、器具和设备必须具有质量合格证明文件,规格、型号及性能检测报告应符合国家技术标准或设计要求。进场时应做检查验收,并经监理工程师核查确认。

所有材料进场时,都应对其品种、规格、外观等进行验收,包装应完好,表面无划痕及外力冲击造成的破损。

主要器具和设备必须有完整的安装使用说明书,在运输、保管和施工过程中应采取有效措施防止损坏或腐蚀。

(2)采暖系统节能工程采用的散热设备、阀门、仪表、管材、保温材料等产品进场时,应按照设计要求对其类型、材质、规格及外观等进行验收,并应经监理工程师(建设单位代表)检查认可,形成相应的验收记录。各种产品和设备的质量证明文件与相关技术资料应齐全,并应符合国家现行有关标准和规定。

检验方法:观察检查,核查质量证明文件和相关技术资料。

检查数量:全数检查。

(3)采暖系统节能工程采用的散热器和保温材料等进场时,应对散热器的单位散热量、金属热强度,保温材料的导热系数、密度、吸水率等技术性能参数进行复验,复验应为见证取样送检。

检验方法:现场随机抽样送检,核查复验报告。

检查数量:同一厂家、同一规格的散热器按其数量的1%进行见证取样送检,但不得少于2组;同一厂家、同材质的保温材料见证取样送检的次数不得少于2次。

## 十、电气设备材料的验收与复验

工程材料中,电气设备材料是工程建设的一个重要组成部分,主要设备、材料、成品和半成品进场检验结论应有记录,确认符合相关规定,才能在施工中应用。因有异议送有资质的试验室进行抽样检测,试验室应出具检测报告,确认符合规范和相关技术规定,才能在施工中应用。

依法定程序批准进入市场的新电气设备、器具和材料进场验收,除符合规范规定外,尚应提供安装、使用、维修和试验要求等技术文件。

进口电气设备、器具和材料进场验收,除符合规范规定外,尚应提供商检证明和中文的质量合格证明文件,规格、型号、性能检测报告,以及中文的安装、使用、维修和试验要求等技术文件。

(1)经批准的免检产品或认定的名牌产品,当进场验收时,可不作抽样检测。

(2)变压器、箱式变电所、高压电器及电瓷制品应符合下列规定:

①查验合格证和随带技术文件,变压器应有出厂试验记录。

②外观检查:有铭牌,附件齐全,绝缘件无缺损、裂纹,充油部分不渗漏,充气高压设备气压指示正常,涂层完整。

(3)高低压成套配电柜、蓄电池柜、不间断电源柜、控制柜(屏、台)及动力、照明配电箱(盘)应符合下列规定:

①查验合格证和随带技术文件,实行生产许可证和安全认证制度的产品,有许可证编号和安全认证标志。不间断电源柜有出场试验记录。

②外观检查:有铭牌,柜内元器件无损坏丢失、接线无脱落焊,蓄电池柜内电池壳体无碎裂、漏液,充油、充气设备无泄露,涂层完整,无明显碰撞凹陷。

(4)柴油发电机组应符合下列规定:

①依据装箱单,核对主机、附件、专用工具、备品备件和随带技术文件,查验合格证和出厂试运行记录,发电机及其控制柜有出厂试验记录。

②外观检查:有铭牌,机身无缺件,涂层完整。

(5)电动机、电加热器、电动执行机构和低压开关设备等应符合下列规定:

①查验合格证和随带技术文件,实行生产许可证和安全认证制度的产品,有许可证编号和安全认证标志。

②外观检查:有铭牌,附件齐全,电气接线端子完好,设备器件无缺损,涂层完整。

(6)照明灯具及附件应符合下列规定:

①查验合格证,新型气体放电灯具有随带技术文件。

②外观检查:灯具涂层完整,无损伤,附件齐全。防爆灯具铭牌上有防爆标志和防爆合格证号,普通灯具有安全认证标志。

③对成套灯具的绝缘电阻、内部接线等性能进行现场抽样检测。灯具的绝缘电阻值不小于 2 MΩ,内部接线为铜芯绝缘电线,芯线截面面积不小于 0.5 mm²,橡胶或聚氯乙烯(PVC)绝缘电线的绝缘层厚度不小于 0.6 mm。对游泳池和类似场所灯具(水下灯及防水灯具)的密闭和绝缘性能有异议时,按批抽样送有资质的试验室检测。

(7)开关、插座、接线盒和风扇及其附件应符合下列规定:

①查验合格证,防爆产品有防爆合格证号,实行安全认证制度,所有产品有安全认证标志。

②外观检查:开关、插座的面板及接线盒盒体完整、无碎裂、零件齐全,风扇无损坏,涂层完整,调速器等附件适配。

③对开关、插座的电气和机械性能进行现场抽样检测。检测规定如下:

a.不同极性带电部件间的电气间隙和爬电距离不小于 3 mm;

b.绝缘电阻值不小于 5 MΩ;

c.用自攻锁紧螺钉或自切螺钉安装的,螺钉与软塑固定件啮合长度不小于 8 mm,软塑固定件在经受 10 次拧紧退出试验后,无松动或掉渣,螺钉及螺纹无损坏现象;

d. 金属间相旋合的螺钉、螺母，拧紧后完全退出，反复 5 次仍能正常使用。

④对开关、插座、接线盒及其面板等塑料绝缘材料阻燃性能有异议时，按批抽样送有资质的试验室检测。

（8）电线、电缆应符合下列规定：

①按批查验合格证，合格证有生产许可证编号，按《额定电压 450/750 V 及以下聚氯乙烯绝缘电缆》（GB 5023.1 ~ 5023.7—2008）标准生产的产品有安全认证标志。

②外观检查：包装完好，抽检的电线绝缘层完整无损，厚度均匀。电缆无压扁、扭曲，铠装不松卷。耐热、阻燃的电线、电缆外护层有明显标志和制造厂标。

③按制造标准，现场抽样检测绝缘层厚度和圆形线芯的直径。线芯直径误差不大于标称直径的 1%，常用的 BV 型绝缘电线的绝缘层厚度不小于表 4-7 的规定。

表 4-7　BV 型绝缘电线的绝缘层厚度

| 序号 | 1 | 2 | 3 | 4 | 5 | 6 | 7 | 8 | 9 | 10 | 11 | 12 | 13 | 14 | 15 | 16 | 17 |
|---|---|---|---|---|---|---|---|---|---|---|---|---|---|---|---|---|---|
| 电线芯线标称截面积（mm²） | 1.5 | 2.5 | 4 | 6 | 10 | 16 | 25 | 35 | 50 | 70 | 95 | 120 | 150 | 185 | 240 | 300 | 400 |
| 绝缘层厚度规定值（mm） | 0.7 | 0.8 | 0.8 | 0.8 | 1.0 | 1.0 | 1.2 | 1.2 | 1.4 | 1.4 | 1.6 | 1.6 | 1.8 | 2.0 | 2.2 | 2.4 | 2.6 |

④对电线、电缆绝缘性能、导电性能和阻燃性能有异议时，按批抽样送有资质的试验室检测。

（9）导管应符合下列规定：

①按批查验合格证。

②外观检查：钢导管无压扁、内壁光滑。非镀锌钢导管无严重锈蚀，按制造标准油漆出厂的油漆完整；镀锌钢导管镀层覆盖完整，表面无锈斑；绝缘导管及配件不碎裂，表面有阻燃标记和制造厂标。

③按制造标准现场抽样检测导管的管径、壁厚及均匀度。对绝缘导管及配件的阻燃性能有异议时，按批抽样送有资质的试验室检测。

（10）型钢和电焊条应符合下列规定：

①按批查验合格证和材质证明书；有异议时，按批抽样送有资质的试验室检测。

②外观检查：型钢表面无严重锈蚀，无过度扭曲、弯折变形；电焊条包装完整，拆包抽检，焊条尾部无锈斑。

（11）镀锌制品（支架、横担、接地极、避雷用型钢等）和外线金具应符合下列规定：

①按批查验合格证或镀锌厂出具的镀锌质量证明书。

②外观检查：镀锌层覆盖完整、表面无锈斑，金具配件齐全，无砂眼。

③对镀锌质量有异议时，按批抽样送有资质的试验室检测。

（12）电缆桥架、线槽应符合下列规定：

①查验合格证。

②外观检查:部件齐全,表面光滑、不变形;钢制桥架涂层完整,无锈蚀;玻璃钢制桥架色泽均匀,无破损、碎裂。铝合金桥架涂层完整,无扭曲变形,不压扁,表面不划伤。

(13)封闭母线、插接母线应符合下列规定:

①查验合格证和随带安装技术文件。

②外观检查:防潮密封良好,各段编号标志清晰,附件齐全,外壳不变形,母线螺栓搭接面平整,镀层覆盖完整、无起皮和麻面;插接母线上的静触头无缺损、表面光滑、镀层完整。

(14)裸母线、裸导线应符合下列规定:

①查验合格证。

②外观检查:包装完好,裸母线平直,表面无明显划痕,测量厚度和宽度符合制造标准;裸导线表面无明显损伤,不松股、扭折和断股(线),测量线径符合制造标准。

(15)电缆头部件及接线端子应符合下列规定:

①查验合格证。

②外观检查:部件齐全,表面无裂纹和气孔,随带的袋装涂料或填料不泄漏。

(16)钢制灯柱应符合下列规定:

①按批查验合格证。

②外观检查:涂层完整,根部接线盒盒盖紧固件和内置熔断器、开关等器件齐全,盒盖密封垫片完整。钢柱内设有专用接地螺栓,地脚螺孔位置按提供的附图尺寸,允许偏差为±2 mm。

(17)钢筋混凝土电杆和其他混凝土制品应符合下列规定:

①按批查验合格证。

②外观检查:表面平整,无缺角露筋,每个制品表面有合格印记;钢筋混凝土电杆表面光滑,无纵向、横向裂纹,杆身平直,弯曲不大于杆长的1/1 000。

# 第三节　材料保管与发放

## 一、进场水泥的保管与不合格水泥的处理

### (一)水泥保管注意事项

(1)不同生产厂家,不同品种、强度等级(或标号)和不同出厂日期的水泥应分别堆放,不得混杂。

(2)水泥是怕湿材料,必须注意防潮。对于高铝水泥、铝酸盐自应力水泥、硅酸盐自应力水泥等,即使包装加有防潮纸,在储存保管时仍须特别注意有无破包和防潮问题。

(3)存放袋装水泥和带有集装盘、笼的袋装水泥仓库,必须保持干燥,屋顶、墙壁、门窗都不得有漏雨、渗水等情况,以免潮气侵入。

(4)临时存放水泥,必须选择地势较高、干燥的场地或料棚,并做好上盖下垫工作。下垫要求在水泥或石头条墩或垫块上铺设木板,不要用垫木代替水泥条墩或垫块,以免水分顺着垫木升至垛底,引起底部水泥受潮。

(5)存放袋装水泥,堆垛不宜太高,一般以10袋为宜,太高会使底层水泥受压过重,造

成纸袋破裂或水泥结块。如果储存期较短,堆垛可适当加高,但最多不得超过15袋。

(6)存放带有托盘的水泥,堆垛一般以3～4盘为宜。集装盘两侧带有钢栅栏,堆垛时上层集装盘压在下层集装盘的两侧,水泥不直接受压,在吊装设备的能力许可范围内,可以适当堆高。

(7)散装水泥应储存在密封的中转库、接收库或钢板罐中,并须有严格的防潮、防漏措施,顶部仓口或罐口须特别注意,勿使雨水漏入。临时储存可用各种简易储库,库的地面应高于周围地面30 cm以上,并铺以垫木板和油毡隔潮。

(8)要合理安排库内出入通道和堆存位置,使到货的水泥能依次排列,实行先进先出的发放原则。也可采用双堆法,将水泥分成甲、乙两堆,甲堆进货时,乙堆发货,乙堆发完货,再发甲堆货,以保证先进先出,合理周转,并可避免部分水泥因长期积压在不易运出的角落内受潮变质。

(9)水泥储存期不宜过长,以免受潮变质或强度降低。储存期从出厂日期起,一般水泥为3个月,高铝水泥为2个月,高级水泥为1.5个月,快硬水泥和快凝快硬水泥为1个月。水泥超过储存期必须重新检验,根据检验的指标情况,决定是否继续使用,或降低强度等级使用,或在次要工程部位中使用。

**(二)水泥受潮程度的鉴别与处理**

(1)水泥有松块、结粒情况时,说明水泥开始受潮,应将松块、粒状物压成粉末并增加搅拌时间,经试验后根据实际强度等级使用。

(2)水泥已部分结成硬块,表明水泥已严重受潮,使用时应筛去硬块,并将松块压碎,用于抹面砂浆等非受力部位。

(3)水泥结块坚硬,表明该水泥活性已丧失,不能按胶凝材料使用,而只能重新粉磨后用作混合材料。

水泥受潮程度的简易鉴别与处理见表4-8。

表4-8　水泥受潮程度的简易鉴别与处理

| 受潮程度分类 | 水泥外观 | 手感 | 强度降低 | 处理方法 |
|---|---|---|---|---|
| 轻微受潮 | 水泥新鲜,有流动性,肉眼观察完全呈细粉 | 用手捏捻无硬粒 | 强度降低不超过5% | 使用不改变 |
| 开始受潮 | 水泥黏结成小球粒,但易散成粉末 | 用手捏捻无硬粒 | 强度降低15%以下 | 用于要求不严格的工程部位 |
| 受潮加重 | 水泥细粒变粗,有大量小球粒和松块 | 用手捏捻,球粒仍可成粉末,无硬粒 | 强度降低12%～15% | 将松块压成粉末,降低强度等级,用于要求不严格的工程部位 |
| 受潮较重 | 水泥结成粒块,有少量硬块,但硬块较松,容易击碎 | 用手捏捻,不能变成粉末,有硬粒 | 强度降低30%～50% | 用筛子筛去硬粒、硬块,降低一半强度等级,用于要求较低的工程部位 |
| 受潮严重 | 水泥中有许多硬粒、硬块,难以压碎 | 用手捏捻不动 | 强度降低50%以上 | 需采用再粉碎的办法进行恢复强度处理,然后掺入到新鲜的水泥中使用 |

### （三）不合格水泥的处理

（1）凡细度、终凝时间、不溶物和烧失量中有一项不符合规定均为不合格品。

（2）混合材料掺加量超过最大限量、强度低于商品强度等级规定的指标(但不低于最低强度等级的指标)时，均为不合格品。

（3）水泥包装标志中的水泥品种、强度等级、工厂名称和出厂编号不全者也属不合格品。

### （四）废品

凡初凝时间、氧化镁含量、三氧化硫含量、安定性中的任何一项不符合标准规定者，或强度低于该品种最低强度等级规定的指标时均为废品。

## 二、钢材的保管与代用

### （一）钢材的保管

1. 选择适宜的场地和库房

（1）保管钢材的场地或仓库,应选择在清洁干净、排水通畅的地方,远离产生有害气体或粉尘的厂矿。在场地上要清除杂草及一切杂物,保持钢材干净。

（2）在仓库里不得与酸、碱、盐、水泥等对钢材有侵蚀性的材料堆放在一起。不同品种的钢材应分别堆放,防止混淆,防止被接触腐蚀。

（3）大型型钢、钢轨、导钢板、大口径钢管、锻件等可以露天堆放。

（4）中小型型钢、盘条、钢筋、中口径钢管、钢丝及钢丝绳等,可在通风良好的料棚内存放,但必须上苫下垫。

（5）一些小型钢材、薄钢板、钢带、硅钢片、小口径或薄壁钢管、各种冷轧和冷拔钢材,以及价格高、易腐蚀的金属制品,可存放入库。

（6）库房应根据地理条件选定,一般采用普通封闭式库房,即有房顶、有围墙、门窗严密,设有通风装置的库房。

（7）库房要求晴天注意通风,雨天注意关闭防潮,经常保持适宜的储存环境。

2. 合理堆码、先进先放

（1）堆码的原则要求是在码垛稳固、确保安全的条件下,做到按品种、规格码垛,不同品种的材料要分别码垛,防止混淆和相互腐蚀。

（2）禁止在垛位附近存放对钢材有腐蚀作用的物品。

（3）垛底应垫高、坚固、平整,防止材料受潮或变形。

（4）同种材料按入库先后分别堆码,便于执行先进先发的原则。

（5）露天堆放的型钢,下面必须有木垫或条石,垛面略有倾斜,以利排水,并注意材料安放平直,防止造成弯曲变形。

（6）堆垛高度,人工作业的不超过1.2 m,机械作业的不超过1.5 m,垛宽不超过2.5 m。

（7）垛与垛之间应留有一定的通道,检查道一般为0.5 m,出入通道视材料大小和运输机械而定,一般为1.5～2.0 m。

（8）垛底垫高,若仓库为朝阳的水泥地面,垫高0.1 m即可;若为泥地,须垫高0.2～0.5 m;若为露天场地,水泥地面垫高0.3～0.5 m,沙泥地面垫高0.5～0.7 m。

（9）露天堆放角钢和槽钢应俯放,即口朝下,工字钢应立放,钢材的I槽面不能朝上,以免积水生锈。

3.保护材料的包装和保护层

钢厂出厂前涂的防腐剂或其他镀层及包装是防止材料锈蚀的重要措施,在运输装卸过程中须注意保护,不能损坏,可延长材料的保管期限。

4.保持仓库清洁、加强材料养护

(1)材料入库前要注意防止雨淋或混入杂质,对已经淋雨或弄污的材料要按其性质采用不同的方法擦净,如硬度高的可用钢丝刷,硬度低的可用布、棉等。

(2)材料入库后要经常检查,如有锈蚀,应清除锈蚀层。

(3)一般钢材表面清除干净后,不必涂油,但对优质钢、合金薄钢板、薄壁管、合金钢管等,除锈后其内外表面均需涂防锈油后再存放。

(4)对锈蚀较严重的钢材,除锈后不宜长期保管,应尽快使用。

**(二)建筑钢材的选用及代用**

各种建筑结构对钢材各有要求,选用时要根据要求对钢材的强度、塑性、韧性、耐疲劳性能、焊接性能、耐锈性能等进行全面考虑。对厚钢板结构、焊接结构、低温结构和采用含碳量高的钢材制作的结构,还应防止脆性破坏。

1.钢材选用原则

对建筑结构所用钢材进行选择时,应符合图纸设计要求的规定,表4-9为一般选择原则。

表4-9　结构钢材的一般选择原则

| 项次 | 结构类型 | | | 计算温度(℃) | 选用牌号 |
|---|---|---|---|---|---|
| 1 | 焊接结构 | 直接承受动力荷载的结构 | 重级工作制吊车梁或类似结构 | | Q235 镇静钢或 Q345 钢 |
| 2 | | | 轻、中级工作制吊车梁或类似结构 | | |
| 3 | | 承受静力荷载或间接承受动力荷载的结构 | | ≤ −20 | Q235 镇静钢或 Q345 钢 |
| 4 | | | | > −20 | Q235 沸腾钢 |
| 5 | | | | ≤ −30 | Q235 镇静钢或 Q345 钢 |
| | | | | > −30 | Q235 沸腾钢 |
| 6 | 非焊接结构 | 直接承受动力荷载的结构 | 重级工作制吊车梁或类似结构 | ≤ −20 | Q235 镇静钢或 Q345 钢 |
| 7 | | | | > −20 | Q235 沸腾钢 |
| 8 | | | 轻、中级工作制吊车梁或类似结构 | — | Q235 沸腾钢 |
| 9 | | 承受静力荷载或间接承受动力荷载的结构 | | — | Q235 沸腾钢 |

表中的计算温度应按现行《采暖通风与空气调节设计规范》(GB 50019—2015)中的冬季空气调节室外计算温度确定。低温地区的露天或类似露天的焊接结构用沸腾钢时,钢材板厚不宜过大。

2.钢材性能要求

承重结构的钢材,应保证抗拉强度($\sigma_b$)、伸长率($\delta_5$、$\delta_{10}$)、屈服点($\sigma_s$)和硫(S)、磷(P)

的极限含量。焊接结构应保证碳(C)的极限含量。必要时,还应有冷弯试验的合格证。

对重级工作制以及吊车起重量不小于 50 t 的中级工作制吊车梁或类似结构的钢材,应有常温冲击韧性的保证。计算温度 ≤ −20 ℃时,Q235 钢应具有 −20 ℃下冲击韧性的保证,Q345 钢应具有 −40 ℃下冲击韧性的保证。

重级工作制的非焊接吊车梁,必要时其钢材也应具有冲击韧性的保证。

根据《钢结构设计规范》(GB 50017—2003)的规定,对高层建筑钢结构的钢材,宜采用牌号 Q235 中 B、C、D 等级的碳素结构钢和牌号 Q345 中 B、C、D 等级的低合金结构钢。承重结构的钢材一般应保证抗拉强度、伸长率、屈服点、冷弯试验、冲击韧性合格和硫、磷含量在极限值范围内,对焊接结构尚应保证碳含量在极限值范围内。对构件节点约束较强,以及板厚≥50 mm,并承受沿板厚方向拉力作用的焊接结构,应对板厚方向的断面收缩率加以控制。

3. 钢材的代用

钢结构应按照上述规定,选用钢材的钢号和提出钢材的性能要求,施工单位不宜随意更改或代用。钢结构工程所采用的钢材必须附有钢材的质量证明书,各项指标应符合设计文件的要求和国家现行有关标准的规定。钢材代用一般须与设计单位共同研究确定,同时应注意以下几点:

(1)钢号虽然满足设计要求,但生产厂家提供的材质保证书中缺少设计部门提出的部分性能要求时,应做补充试验。如 Q235 钢缺少冲击、低温冲击试验的保证条件时,应做补充试验,合格后才能应用。补充试验的试件数量,每炉钢材、每种型号规格一般不应少于 3 个。

(2)钢材性能虽然能满足设计要求,但钢号的质量优于设计提出的要求时,应注意节约。如在普通碳素钢中,以镇静钢代替沸腾钢,优质碳素钢代替普通碳素钢(2 号钢代替Q235 钢)等都要注意节约,不要以优代劣,不要使质量差距过大。如采用其他专业用钢代替建筑结构钢时,最好查阅这类钢材生产的技术条件,并与《碳素结构钢》(GB/T 700—2006)相对照,以保证钢材代用的安全性和经济合理性。

普通低合金钢的相互代用,如用 Q390 钢代替 Q345 钢等,要更加谨慎,除机械性能满足设计要求外,在化学成分方面还应注意可焊性。重要的结构要有可靠的试验依据。

(3)如钢材性能满足设计要求,而钢号质量低于设计要求时,一般不允许代用。如结构性质和使用条件允许,在材质相差不大的情况下,经设计单位同意也可代用。

(4)钢材的钢号和性能都与设计提出的要求不符时,首先应检查是否合理,然后按钢材的设计强度重新计算。根据计算结果改变结构的截面、焊缝尺寸和节点构造。

(5)对于成批混合的钢材,如用于主要承重结构时,必须逐根按现行标准对其化学成分和机械性能分别进行检验,如检验不符合要求时,可根据实际情况用于非承重结构构件。

(6)钢材机械性能所需的保证项目仅有一项不合格者,可按以下原则处理:

①当冷弯合格时,抗拉强度的上限值可以不限。

②伸长率比设计的数值低 1%时,允许使用。但不宜用于考虑塑性弯形的构件。

③冲击功值按一组 3 个试样单值的算术平均值计算,允许其中一个试样单值低于规定值,但不得低于规定值的 70%。

(7)采用进口钢材时,应验证其化学成分和机械性能是否满足相应钢号的标准。

(8)钢材的规格尺寸与设计要求不同时,不能随意以大代小,须经计算后才能代用。

(9)如钢材供应不全,可根据钢材选择的原则灵活调整。建筑结构对材质的要求是:受拉构件高于受压构件、焊接结构高于螺栓或铆钉连接的结构、厚钢板结构高于薄钢板结构、低温结构高于常温结构、受动力荷载的结构高于受静力荷载的结构。如桁架中上、下弦可用不同的钢材。遇含碳量高或焊接困难的钢材,可改用螺栓连接,但须与设计单位商定。

### 三、各类易损、易燃、易变质材料的保管

对各类易损、易燃、易变质及贵重物品,应单独设立库房保存,不同的材料应采用不同的保管方式;对不同时期进库的材料,应按批次分开,并设立标志。同时,还应掌握这些材料的性质,了解其受自然界影响的特性,对相互作用的材料,必须隔离存放。

(1)及时掌握库房的温、湿度,使库区处于通风良好状态,保持清洁卫生,做好防腐、防虫、防锈、防高温和防冻工作。

(2)定期检查库区,掌握物资变化情况,并及时采取有效措施加以控制,确保物资正常使用。

(3)物资按防火要求码放、库内外严禁烟火,保证库内外道路畅通,发现火情及时报警,并迅速组织人员进行自救。

(4)库区内应设必要的消防安全设备,提高警惕,做好防火、防盗工作,以防灾害、事故的发生,维护库房治安,确保仓库安全。

### 四、常用施工机械的保管

#### (一)机械保管的措施

对不动用机械进行有效的保管,是防止机械损坏、延长机械使用寿命的重要措施,是机械技术管理的重要内容。主要保管措施如下:

(1)保持零件及周围空气清洁,排除有腐蚀性的气体,擦净腐蚀性物质、汗迹和灰尘,因为其中含有酸、碱性杂质,能吸收空气中的水分,从而产生腐蚀作用。

(2)保持零件表面及周围空气干燥,擦净零件表面的水分,及时对机械进行通风干燥;选择干燥天气保养保管中的机械,对关键部位或精密总成、仪表使用干燥剂(如硅胶)干燥。

(3)在金属表面涂以保护层,如油漆、润滑油脂(但不能使用钠基润滑脂)等;橡胶制品用纸包裹。

(4)与大气隔绝,防止潮湿空气和灰尘侵入。

(5)及时保养,进行润滑和除锈处理。

#### (二)机械保管的方法

1.入库机械的保管

对入库机械,应清除尘土、脏物和积灰,擦干各部分水迹,一切孔洞用木塞堵好或用油纸封闭。

2.暂不动用机械的保管

对暂不动用的机械,保管前应排除一切故障,进行必要的保养。

3.3个月以上不动用的机械和总成的保管

对3个月以上不动用的机械,一般应进行长期保管。具体方法如下。

1）对内燃发动机进行保管的要求

对内燃发动机按下列要求进行密封保管：

（1）加温。轮胎车辆驾起驱动轮，履带车辆使履带脱离主动轮，发动发动机，使水温达到80～90 ℃，油温正常，并挂挡使传动部分加温。

（2）吹净。使发动机带动传动部分工作，达到最高转速后，迅速停止供油，利用惯性吹净气缸内的废气。

（3）注油。目的在于清洗气缸内含有酸性物质的旧机油，涂上新机油。首先，将机油加温到120 ℃，进行脱水，直到没有响声、不冒汽泡为止。然后，分3次向各气缸内注油，每次数量都不得超过燃烧室容积。每次注油后，先用人力转动曲轴两圈，再用起动电机不供油转动曲轴3次，每次转5 s。第3次注油后，不再用起动电动机转动曲轴。

（4）封闭。用涂有钙基润滑脂的纸板堵住进、排气支管接头，并用油纸包住曲轴箱通气孔，以隔绝空气，防止对流。

用上述方法密封保管发动机的有效期，在干燥地区和季节为6个月，在潮湿地区和季节为3个月。密封期间不得发动发动机。

2）对机械其他部位进行保管的要求

对机械其他部位按下列要求进行保管：

（1）将机械各部分彻底擦拭干净，各拉杆接头和活动部位涂上钙基润滑脂。

（2）彻底擦拭电气部分零件，清除接线柱上的油污和氧化物，涂上钙基润滑脂。

（3）车体脱漆部位涂上钙基润滑脂或补漆。

（4）将各部通气孔涂上钙基润滑脂，并用油纸包好。

（5）轮胎架空，并使悬挂体放松，露天保管时用纸包住轮胎。

（6）钢丝绳和链条尽可能卸下，刷洗后涂上钙基润滑脂或石墨润滑脂，绕在卷筒上放在干燥处。

（7）将蓄电池从机械上取下，放到充电间进行保管。

（8）将履带和履带销进行清洁后涂油防护。

（9）精密零件、电气仪表或怕受潮的设备应在室内罩盖保护或套上密封塑料套，内放防潮剂。

（10）保持机械周围空气清洁、干燥，排除潮气和腐蚀性气体。

（11）机械说明书上有特殊要求的，按说明书要求进行保管。

4.3 个月以下不动用的机械的保管

对3个月以下不动用的机械进行短期保管。

（1）用定期发动发动机的办法保管发动机。这种办法也可用于3个月以上不动用的机械的保管。

（2）对机械其他部位，按3个月以上不动用的机械其他部位进行保管的要求中第（1）、（2）、（3）、（7）、（10）、（11）条进行保管，但对1个月不动用的机械可不取下蓄电池。

（3）必要时，可按3个月以上不动用的机械其他部位进行保管的要求中第（5）、（8）条进行保管。

（三）保管机械的保养

对保管中的机械应定期进行保养，潮湿情况下每半月1次，干燥情况下每月1次。保养

的内容为:

（1）清除机件上的尘土和水分。

（2）检查零件有无锈蚀现象,封存油是否变质,干燥剂是否失效,必要时进行烘干。

（3）检查有无漏水、漏油现象。

（4）对短期保管的机械进行原地发动和行驶,并使工作装置动作,以清除相对运动零件配合表面的锈蚀,改善润滑状况和改变受压位置。

（5）对各电气设备进行通电检查。

（6）蓄电池每月充电1次,每半年进行1次技术检查(即充放电锻炼循环)。

（7）选择干燥天气进行保养,并打开机械库和机械的门窗进行通风。

（8）电动机械根据情况进行通电,使全机或电气部分工作。

**（四）施工机械保管的组织实施**

对施工机械保管的组织实施是:逐级建立机械库和停机场;设专人进行维护和管理,按固定资产管理的要求建立保管账卡,使账、卡、物相符;建立机械保管、发放等各种制度;制定保管人员的岗位责任制度等。

1. 施工机械仓库的要求

机械仓库要建在交通方便,地势较高,利于排水的地方,仓库地面要坚实、平坦;要有完善的防火安全措施和通风条件,配备必需的起重机械。根据机械类型及存放保管的不同要求,建设露天仓库、棚式仓库、室内仓库和保温仓库等,并配备仓库管理人员。

（1）露天仓库又称露天堆场。仓库所处的地面要碾压结实,不致在承载机械通过后发生沉陷。一般黄土、黏土地面要铺垫砂石,地势要高和干燥,要有良好的排水系统,场内不积水、不生草。露天仓库面积应有一定的扩充余地,库内须有足够的通道,以利机械的搬运和移动。

（2）棚式仓库又称半露天仓库,这种仓库有顶无墙,所以只能防止日晒雨淋,不能挡住风沙。棚式仓库库顶不能用茅草或油毡纸等易燃物盖建,以防失火。棚顶高度应不低于4.5 m,以利于搬运和通风。

（3）室内仓库是完整的库房,室内应经常保持干燥和良好通风。根据各地区条件不同,其地面可用水泥或三合土等,应坚硬平整。房顶不得用茅草及油毡纸盖建。

（4）保温仓库是具有保温设施的仓库,仓库应有供暖和通风设施,以保证室内相对湿度不大于80%,温度控制在5～35 ℃。根据机械的最高要求的温度来确定,如多数机械要求低温,只有个别机械要求较高温度时,可将其分开存放。在北方,冬季日平均气温在－10 ℃以下,持续时间在1个月以上的地区,宜建保温仓库。由于保温仓库标准高、造价贵,所以在寒冷时间不长的地区,有保温要求的机械不多时,只需在严寒时期采取临时保温措施,不需专设保温仓库。

2. 施工机械存放的要求

要根据机械的用途、构造、重量、体积、包装等情况及受自然条件影响的不同,在不同类型的仓库,按不同要求进行存放保管。

（1）入库的机械,应逐台、逐套分开存放,避免混杂。存放机械之间,要留有一定间隔,便于维护和搬运。存放的机械要挂上标牌,注明机械名称、型号、规格、统一编号、制造厂、到货或进库日期等。必须分开保管的装置、附件、总成等都要挂上标牌,标明原机名称、型号、规格及存放地点。

（2）对受风吹、雨淋、日晒等自然条件影响较小，并有完整机室的大型机械和一般铆焊件、铸件、锻件等，可存放在露天仓库，要用枕木或石条垫底，使底部与地面保持 20 mm 高度。上部和四周用帆布绑扎遮盖，防止雨水侵入。大型钢铁构件的非加工面要涂刷油漆、红丹或其他防锈剂。加工面涂油脂，并贴附一层油纸，再用油布包扎，防止锈蚀。

（3）对不宜日晒雨淋，而受风沙与温度变化影响较小的机械，如汽车、拖拉机、内燃机、空压机和一些装箱的机电设备，可存放在棚式仓库。对机械构件体积庞大的机械，进入棚式仓库保管有困难的，可以就地搭盖，棚顶应高于机械 1 m，棚檐伸出机体 2 m。

（4）对受日晒雨淋和灰沙侵入易受到损害，但对温度变化影响较小的机械和机件，如精密机床、工具、仪表及发电机、电动机、励磁机等电器设备以及机械的备品配件和橡胶制品、皮革制品等，应储存在室内仓库。

（5）在严寒或高温地区，对温度变化反应敏感或对温度有严格要求的精密设备、特殊电器设备和仪表等，应存放在保温仓库。

# 小 结

本章主要介绍了水泥、预拌（混凝土）、砂浆、钢材、墙体材料等建筑及市政工程材料的验收与复验；水泥、钢材及常用施工机械等的保管。

# 习 题

1. 材料进场验收和复验的概念是什么，有什么意义？
2. 材料进场验收的步骤是什么？
3. 材料进场验收的基本方法有哪些？
4. 水泥的受潮程度怎么鉴别？
5. 钢材代用的注意事项是什么？

# 第五章 建筑与市政工程材料的储存和供应

## 【学习目标】

通过本章的学习,要求了解仓储管理的业务流程,熟悉仓库盘点的内容、方法;掌握材料使用管理的主要内容,熟悉材料领发的常用方法以及限额领料的方法;掌握周转材料和工具的管理,熟悉周转材料管理特点、方法以及常用工具的管理方法。

# 第一节 材料的仓储管理

仓储管理是材料从流通领域进入企业的监督关,是材料投入施工生产消费领域的控制关,又是保质、保量、完整无缺的监护关。所以,仓储管理工作负有重大的经济责任。

## 一、仓库的分类及仓储管理规划

### (一)仓库的分类

1. 按储存材料的种类划分

仓库按储存材料的种类可划分为综合性仓库、专业性仓库。

(1)综合性仓库:仓库建有若干库房,储存各种各样的材料。如在同一仓库中储存钢材、电料、木料、五金、配件等。

(2)专业性仓库:仓库只储存某一类材料。如钢材库、木料库、电料库等。

2. 按保管条件划分

仓库按保管条件可划分为普通仓库、特种仓库。

(1)普通仓库:储存没有特殊要求的一般性材料。

(2)特种仓库:某些材料对库房的温度、湿度、安全有特殊要求,需按不同要求设保温库、燃料库、危险品库等。水泥由于粉尘大,防潮要求高,因而水泥库也是特种仓库。

3. 按建筑结构划分

仓库按保管条件可划分为封闭式仓库、半封闭式仓库、露天料场。

(1)封闭式仓库:有屋顶、墙壁和门窗的仓库。

(2)半封闭式仓库:有顶无墙的料库、料棚。

(3)露天料场:主要储存不易受自然条件影响的大宗材料。

4. 按管理权限划分

仓库按管理权限可划分为中心仓库、总库、分库。

(1)中心仓库:是大中型公司设立的仓库。这类仓库材料吞吐量大,主要材料由公司集中储备,也叫作一级储备。除远离公司独立承担任务的工程除外,公司下属单位一般不设仓库,避免层层储备,分散资金。

（2）总库：是公司所属项目经理部或工程处（队）所设施工备料仓库。

（3）分库：施工队及施工现场所设的施工用料准备库，业务上受项目经理部或工程处（队）直接管辖、统一调度。

### （二）仓储管理工作的特点

1. 仓储管理工作不创造使用价值，但创造价值

材料仓储是施工生产过程中为使生产不致中断，而解决材料生产与消费在时间和空间上的矛盾必不可少的中间环节。材料处在储存阶段虽然不能使材料的使用价值增加，但通过仓储保管可以使材料的使用价值不受损失，从而为材料使用价值的最终实现创造条件。因此，材料仓储工作是产品的生产过程在流通领域的继续，是为实现产品的使用价值服务的。仓储劳动是社会的必要劳动，它同样创造价值。仓储管理工作创造价值这一特点，要求仓储管理水平必须提高，尽可能减少材料的损耗，使其使用价值得以实现；必须依靠科学，努力提高生产率，缩短社会必要劳动时间。

2. 仓储管理工作具有不平衡和不连续的特点

不平衡和不连续特点给仓储管理工作带来了一定的困难，这就要求管理人员在储存、保管好材料的前提下，掌握各种不同材料的性能特点、运输特点，安排好进出库计划，均衡使用人力、设备及仓位，以保证仓储管理工作的正常进行。

3. 仓储管理工作具有服务性，直接为生产服务

仓储管理工作必须从生产出发，首先保证生产需要。同时，要注意扩大服务项目，把材料的加工改制、综合利用和节约代用、组装、配套等提到管理工作的日程上来，使有限的材料发挥更大的作用。

### （三）仓储管理在施工企业生产中的地位和作用

（1）仓储管理是保证施工生产顺利进行的必不可少的条件，是保证材料流通不致中断的重要环节。施工生产的过程，就是材料不断消耗的过程，储存一定量的材料，是施工生产正常进行的物质保证。各种材料需经订货、采购、运输等环节才能到达施工企业。为防止供需脱节，企业必须依靠合理的材料储备来进行平衡和调剂。

（2）仓储管理是材料管理的重要组成部分。仓储管理是联系材料供应、管理、使用三方面的桥梁，仓储管理水平的高低，直接影响材料供应管理工作目标的实现。

（3）仓储管理是保持材料使用价值的重要手段。材料在储存期间，从物理、化学角度看，在不断地发生变化。这种变化虽然因材料本身的性质和储存条件的不同而有差异，但一般都会造成不同程度的损害。仓储中的合理保管、科学保养是防止或减少损害、保持其使用价值的重要手段。

（4）加强仓储管理，可以加速材料的周转，减少库存，防止新的积压，减少资金占用，从而可以促进物资的合理使用和流通费用的节约。

### （四）仓储管理的基本任务

仓储管理是以优质的储运劳务，管好仓库物资，为按质、按量、及时、准确地供应施工生产所需的各种材料打好基础，确保施工生产的顺利进行。仓储管理的基本任务如下：

（1）组织好材料的收、发、保管、保养工作，要求达到快进、快出、多储存、保管好、费用省的目的，为施工生产提供优质服务；

（2）建立和健全合理的、科学的仓库管理制度，不断提高管理水平；

（3）不断改进仓储技术，提高仓库作业的机械化、自动化水平；

（4）加强经济核算，不断提高仓库经营活动的经济效益；

（5）不断提高仓储管理人员的思想、业务水平，培养一支仓储管理的专职队伍。

### （五）仓库管理规划

#### 1. 材料仓库位置的选择

材料仓库的位置是否合理，直接关系到仓库的使用效果。材料仓库位置选择的基本要求是"方便、经济、安全"。材料仓库位置选择的条件如下：

（1）交通方便。材料的运送和装卸都要方便。材料中转仓库最好靠近公路（有条件的设专用线）；以水运为主的仓库要靠近河道码头；现场仓库的位置要适中，以缩短到各施工点的距离。

（2）地势较高、地形平坦，便于排水、防洪、通风、防潮。

（3）环境适宜，周围无腐蚀性气体、粉尘和辐射性物质。危险品库和一般仓库要保持一定的安全距离，与民房或临时工棚也要有一定的安全距离。

（4）有合理布局的水电供应设施，利于消防、作业、安全和生活之用。

#### 2. 材料仓库的合理布局

材料仓库的合理布局，能为仓库的使用、运输、供应和管理提供方便，为仓库各项业务费用的降低提供条件。合理布局的要求如下：

（1）适应企业施工生产发展的需要。如按施工生产规模、材料资源供应渠道、供应范围、运输和进料间隔等因素，考虑仓库规模。

（2）纳入企业环境的整体规划。按企业的类型来考虑，如按城市型企业、区域型企业、现场型企业不同的环境情况和施工点的分布及规模大小对仓库进行合理布局。

（3）企业所属各级、各类仓库应合理分工。根据供应范围、管理权限的划分情况对仓库进行合理布局。

（4）根据企业耗用材料的性质、结构、特点和供应条件，并结合新材料、新工艺的发展趋势，按材料品种及保管、运输、装卸条件等进行合理布局。

#### 3. 仓库面积的确定

仓库和料场面积的确定，是规划和布局时需要首先解决的问题。可根据各种材料的最高储存数量、堆放定额和仓库面积利用系数进行计算。

##### 1）仓库有效面积的确定

仓库有效面积是实际堆放材料的面积或摆放货架、货柜所占的面积，不包括仓库内的通道、材料架之间的空地面积。仓库有效面积计算公式为

$$F = \frac{P}{n} \tag{5-1}$$

式中　　$F$——仓库有效面积，$m^2$；

　　　　$P$——仓库最高储存材料的数量，t 或 $m^3$；

　　　　$n$——每平方米面积定额堆放数量，$t/m^2$ 或 $m^3/m^2$，见表5-1。

表 5-1　材料堆放面积定额(参考)

| 材料名称 | 单位 | 每平方米储存量 | 堆放高度(m) | 储存方法 | 备注 |
|---|---|---|---|---|---|
| 钢筋 | t | 2 ~ 3 | 0.8 ~ 1 | 棚库 | |
| 角钢 | t | 1.5 ~ 2 | 0.5 ~ 0.8 | 棚库 | |
| 工字钢 | t | 1 ~ 1.5 | 0.5 | 露天 | |
| 大径铁管 | t | 0.5 ~ 0.8 | 0.8 ~ 1 | 露天 | |
| 小径铁管 | t | 0.8 ~ 1 | 0.8 ~ 1 | 棚库 | |
| 铸铁管 | t | 0.3 ~ 1.1 | 0.8 ~ 1 | 露天 | |
| 盘条 | t | 1.5 ~ 2 | 1 | 棚库 | |
| 原木 | m³ | 1.6 ~ 2.2 | 2 | 露天 | |
| 成材 | m³ | 1.6 ~ 2.2 | 2 | 露天 | |
| 层板 | 张 | 200 ~ 300 | 1.5 ~ 2 | 棚库 | |
| 门扇 | 扇 | 12 ~ 15 | 1.5 ~ 1.8 | 棚库 | |
| 窗扇 | 扇 | 60 ~ 70 | 1.5 ~ 1.8 | 棚库 | |
| 门框 | 樘 | 12 | 1.5 | 棚库 | |
| 窗框 | 樘 | 12 | 1.5 | 棚库 | |
| 模板 | m³ | 1 ~ 1.2 | 1.5 | 露天 | |
| 刨花板 | 张 | 40 ~ 50 | 1 ~ 1.5 | 棚库 | |
| 水泥 | t | 2 ~ 2.8 | 1.5 ~ 1.6 | 仓库 | |
| 水泥瓦 | 张 | 130 ~ 200 | 1 | 露天 | |
| 石棉瓦 | 张 | 大 25、小 17 | 0.5 | 棚库 | |
| 砖 | 块 | 700 | 1.5 | 露天 | |
| 砂、砾石 | m³ | 1.5 ~ 2 | 1.6 ~ 2 | 露天 | 人工堆放 |
| 砂、砾石 | m³ | 3 ~ 4 | 5 ~ 6 | 露天 | 机械堆放 |
| 毛石 | m³ | 1 | 1 | 露天 | |
| 石灰 | t | 1.6 | 1.5 | 露天 | |
| 玻璃 | 箱 | 6 ~ 10 | 0.8 ~ 1.5 | 仓库 | |
| 油毡 | 卷 | 15 ~ 30 | 1 ~ 2 | 仓库 | |
| 沥青 | t | 1.2 | 1.2 | 露天 | |
| 金属结构 | t | 0.2 | — | 露天 | |
| 小五金 | t | 1.2 ~ 1.5 | 1.8 | 仓库 | |
| 暖气片 | 片 | 100 | 0.7 | 棚库 | |
| 油漆 | 桶/t | 167 | 1.5 | 仓库 | |
| 小型构件 | m³ | 0.5 ~ 0.6 | 0.5 ~ 0.7 | 露天 | |
| 电线 | t | 0.9 | 2.2 | 仓库 | |
| 电缆 | t | 0.4 | 1.4 | 棚库 | |
| ⋮ | | | | | |

2）仓库总面积的确定

仓库总面积为包括仓库有效面积、仓库内的通道及材料架之间的空地面积在内的全部面积。仓库总面积计算公式为

$$S = \frac{F}{\alpha} \tag{5-2}$$

式中　$S$——仓库总面积，$m^2$；

　　　$F$——仓库有效面积，$m^2$；

　　　$\alpha$——仓库面积利用系数。

仓库面积利用系数 $\alpha$ 见表5-2。

表5-2　仓库面积利用系数 $\alpha$

| 项次 | 仓库类型 | $\alpha$ 值 |
|---|---|---|
| 1 | 密封通用仓库(内装货架,每两排货架之间留1 m通道,主通道宽为2.5~3.5 m) | 0.35~0.4 |
| 2 | 罐式密封仓库 | 0.6~0.9 |
| 3 | 堆置桶装或袋装的密封仓库 | 0.45~0.6 |
| 4 | 堆置木材的露天仓库 | 0.4~0.5 |
| 5 | 堆置钢材棚库 | 0.5~0.6 |
| 6 | 堆置砂、石料露天库 | 0.6~0.7 |

4. 仓储规划

仓储规划是在仓库合理布局的基础上,对应储存的材料作全面、合理的具体安排,进行分区分类、货位编号,定位存放,定位管理。储存规划的原则是布局紧凑、节省用地、保管合理、作业方便,符合防火、安全要求。

## 二、仓储账务管理及仓库盘点

### (一)材料账务管理

1. 记账凭证

记账凭证包括以下内容。

(1)材料入库凭证:验收单、入库单、加工单等。

(2)材料出库凭证:调拨单、借用单、限额领料单、新旧转账单等。

(3)盘点、报废、调整凭证:盘点盈亏调整单、数量规格调整单、报损报废单等。

2. 记账程序

1)审核凭证

审核凭证的合法性、有效性。凭证必须是合法凭证,有编号,有材料收发动态指标;能完整反映材料经济业务从发生到结束的全过程情况。临时借条均不能作为记账的合法凭证。合法凭证要按规定填写齐全,如日期、名称、规格、数量、单位、单价、印章要齐全,抬头要写清

楚,否则为无效凭证,不能据此记账。

2)整理凭证

记账前先将凭证分类、分档排列,然后依次逐项登记。

3)账册登记

根据账页上的各项指标自左至右逐项登记。已记账的凭证,应加标记,防止重复登账。记账后,对账卡上的结存数要进行验算,即上期结存＋本项收入－本项发出＝本项结存。

### (二)仓库盘点

仓库所保管的材料,品种、规格繁多,计量、计算易发生差错,保管中发生的损耗、损坏、变质、丢失等种种因素,可能导致库存材料数量不符,质量下降。只有通过盘点,才能准确地掌握实际库存量,摸清质量状况,掌握材料保管中存在的各种问题,了解储备定额执行情况和呆滞、积压数量,以及利用、代用等挖潜措施的落实情况。

1.盘点方法

1)定期盘点

季末或年末对仓库保管的材料进行全面、彻底盘点,达到有物有账,账物相符,账账相符,并把材料数量、规格、质量及主要用途搞清楚。由于清点规模大,应先做好组织与准备工作。主要工作内容有:

(1)划区分块,统一安排盘点范围,防止重查或漏查;

(2)校正盘点用计量工具,统一印制盘点表,确定盘点截止日期和报表日期;

(3)安排各现场、车间,已领未用的材料办理"假退料"手续,并清理成品、半成品、在线产品;

(4)尚未验收的材料,具备验收条件的,抓紧验收入库;

(5)代管材料,应有特殊标志,另列报表,便于查对。

2)永续盘点

对库房内每日有变动(增加或减少)的材料,当日复查一次,即当天对发生收入或发出的材料,核对账、卡、物是否对口。这种连续进行的抽查盘点,能及时发现问题,便于清查和及时采取措施,是保证账、卡、物三对口的有效方法。永续盘点必须做到当天收发,当天记账和登卡。

2.盘点中问题的处理

盘点时要对实际库存量和账面结存量进行逐项核对,并同时检查材料质量、有效期、安全消防及保管状况。盘点结束后,编制盘点报告。

(1)盘点中数量出现盈亏时,若盈亏量在国家和企业规定的范围之内,可在盘点报告中反映,不必编制盈亏报告,经业务主管审批后,据此调整账务;若盈亏量超过国家和企业规定的范围,除在盘点报告中反映外,还应填写"材料盘点盈亏报告单"(见表5-3),经领导审批后再行处理。

(2)库存材料发生损坏、变质、降级等问题时,填报"材料报损报废报告单"(见表5-4),并通过有关部门鉴定损失金额,经领导审批后,根据批示意见处理。

(3)库房被盗或遭破坏,其丢失、损坏材料数量及相应金额,应专项报告,经保卫部门认真核查后,按上级最终批示做账务处理。

表 5-3 材料盘点盈亏报告单

填报单位：　　　　　　　　　　　年　月　日　　　　　　　　　　第　号

| 材料名称 | 单位 | 账存数量 | 实存数量 | 盈（＋）亏（－）数量及原因 |
|---|---|---|---|---|
|  |  |  |  |  |
|  |  |  |  |  |
|  |  |  |  |  |
|  |  |  |  |  |
| 部门意见 |  |  |  |  |
| 领导批示 |  |  |  |  |

主管：　　　　　　　　　　　　审核人：　　　　　　　　　　制表人：

表 5-4 材料报损报废报告单

填报单位：　　　　　　　　　　　年　月　日　　　　　　　　　　编号

| 名称 | 规格型号 | 单位 | 数量 | 单价 | 金额 |
|---|---|---|---|---|---|
|  |  |  |  |  |  |
|  |  |  |  |  |  |
|  |  |  |  |  |  |
|  |  |  |  |  |  |
|  |  |  |  |  |  |
| 质量状况 |  |  |  |  |  |
| 报损报废原因 |  |  |  |  |  |
| 技术鉴定处理意见 | 负责人签章 |  |  |  |  |
| 领导批示 | 签章 |  |  |  |  |

主管：　　　　　　　　　　　　审核人：　　　　　　　　　　制表人：

（4）出现品种规格混串和单价错误，在查实的基础上，经业务主管审批后按表 5-5 的要求进行调整。

表 5-5 材料调整单

仓库名称　　　　　　　　　　　　　　　　　　　　　　　　　　第　号

| 项目 | 材料名称 | 规格 | 单位 | 数量 | 单价 | 金额 | 差额（＋、－） |
|---|---|---|---|---|---|---|---|
| 原列 |  |  |  |  |  |  |  |
| 应列 |  |  |  |  |  |  |  |
| 调整原因 |  |  |  |  |  |  |  |
| 批示 |  |  |  |  |  |  |  |

保管：　　　　　　　　　　　　记账人：　　　　　　　　　　制表人：

（5）库存材料一年以上没有发出，列为积压材料。

### （三）库存控制规模——ABC 分类法

**1. ABC 分类法原理**

ABC 分类法是一种从种类繁多、错综复杂的多项目或多因素事物中找出主要矛盾，抓住重点，照顾一般的管理方法。建筑企业所需的材料种类繁多，消耗量、占用资金及重要程度各不相同。如果对所有的材料同等看待全面抓，势必难以管理好，且经济上也不合理。只有实行重点控制，才能达到有效管理。在一个企业内部，材料的库存价值和品种、数量之间存在一定比例关系，可以描述为"关键的少数，次要的多数"。有 5% ~ 10% 的材料，资金占用额达 70% ~ 75%；有 20% ~ 25% 的材料，资金占用额为 20% ~ 25%；还有 65% ~ 70% 的大多数材料，资金占用额仅为 5% ~ 10%。根据这一规律，将库存材料分为 A、B、C 三类，见表 5-6。

表 5-6    库存材料的分类

| 分类 | 分类依据 | 品种数（%） | 资金占用量（%） |
|------|---------|-----------|---------------|
| A 类 | 品种较少但需要量大、资金占用额较高 | 5 ~ 10 | 70 ~ 75 |
| B 类 | 品种不多、资金占用额中等 | 20 ~ 25 | 20 ~ 25 |
| C 类 | 品种数量很多、资金占用额却较少 | 65 ~ 70 | 5 ~ 10 |
| 合计 | | 100 | 100 |

根据 A、B、C 三类材料的特点，可分别采用不同的库存管理方法。A 类材料是重点管理的材料，对其中的每种材料都要规定合理的经济订货批量，尽可能减少安全库存量，并对库存量随时进行严格盘点。把这类材料控制好了，对资金节省起重要作用。对 B 类材料也不能忽视，应认真管理，控制其库存。对 C 类材料，可采用简单的方法管理，如定期检查，组织在一起订货或加大订货批量等。三类材料的管理方法比较如表 5-7 所示。

**2. ABC 分类法的工作步骤**

（1）计算每种材料年累计需用量。

（2）计算每种材料年使用金额和年累计使用金额，并按年使用金额的大小顺序排列。

（3）计算每种材料年需用量和年累计需用量占各种材料年需用总量的比重。

（4）计算每种材料年使用金额和年累计使用金额占各种材料年使用总金额的比重。

（5）画出帕莱特曲线图。

（6）列出 ABC 分类汇总表。

（7）进行分类控制。

### （四）仓储管理的现代化

仓储管理的现代化是指仓储管理人员的专业化、仓储管理方法的科学化及仓储管理手段的现代化。实现仓储管理现代化应做好如下工作：

（1）重视和加强仓储管理人员的培养、教育与素质提高，建成一支具有现代科学知识、管理技术，专门从事仓库建设及管理的队伍，要使仓储各级管理人员专业化。

（2）按照客观规律的要求和最新科技成果管理好仓储。针对仓储管理工作的特点，不断把先进的技术及管理方法应用于仓储管理,使仓储管理方法科学化。

表 5-7 　A、B、C 三类材料分类管理方法

| 管理类型 | | 材料 | | |
|---|---|---|---|---|
| | | A 类 | B 类 | C 类 |
| 价值 | | 高 | 一般 | 低 |
| 定额的综合程度 | | 按品种或规格 | 按大类品种 | 按 C 类的总金额 |
| 定额的检查方法 | 消耗定额 | 技术计算法 | 现场核定法 | 经验估算法 |
| | 库存周转金额 | 按库存量的不同条件下的数学模型计算 | 按库存量的不同条件下的数学模型计算 | 经验估算法 |
| 检查 | | 每天检查 | 每周检查 | 季度或年度检查 |
| 统计 | | 详细统计 | 一般统计 | 按全额统计 |
| 控制 | | 严格控制 | 一般控制 | 金额总量控制 |
| 安全库存量 | | 较低 | 较大 | 允许较高 |
| 是否允许缺货 | | 不允许 | 允许偶尔 | 允许一定范围内 |

(3)充分利用计算机及其他先进的信息管理手段,指挥、控制仓储业务管理、库存管理、作业自动化管理及信息处理等,使仓储管理手段日趋现代化。

**(五)材料仓储管理工作常用表格**

1.材料清仓盘点

1)物料盘点表

物料盘点表样式见表 5-8。

表 5-8 　物料盘点表

编号:

| 序号 | 物料名称 | 规格型号 | 单位 | 账面数 | | | 实际点交数 | | 盘盈 | | 盘亏 | | 备注 |
|---|---|---|---|---|---|---|---|---|---|---|---|---|---|
| | | | | 单价(元) | 数量 | 金额(元) | 数量 | 金额(元) | 数量 | 金额(元) | 数量 | 金额(元) | |
| | | | | | | | | | | | | | |
| | | | | | | | | | | | | | |
| | | | | | | | | | | | | | |
| | | | | | | | | | | | | | |
| | | | | | | | | | | | | | |

审核人:　　　　　　　　　　制表人:　　　　　　　　　日期:　　年　月　日

2）月度（月）物料盘存表

月度（月）物料盘存表样式见表5-9。

表5-9　月度（月）物料盘存表

编号：

| 序号 | 物料名称 | 规格型号 | 单位 | 单价（元） | 前月结存 | | 本月入库 | | 本月出库 | | 理论结存 | | 实际结存 | | 盘点差异 | |
|---|---|---|---|---|---|---|---|---|---|---|---|---|---|---|---|---|
| | | | | | 数量 | 金额（元） | 数量 | 金额（元） | 数量 | 金额（元） | 数量 | 金额（元） | 数量 | 金额（元） | 数量 | 金额（元） |
| | | | | | | | | | | | | | | | | |
| | | | | | | | | | | | | | | | | |
| | | | | | | | | | | | | | | | | |
| | | | | | | | | | | | | | | | | |
| | | | | | | | | | | | | | | | | |
| | | | | | | | | | | | | | | | | |
| | | | | | | | | | | | | | | | | |

审核人：　　　　　　　　　　　　　　制表人：　　　　　　　　　　　　日期：　　年　月　日

3）外协加工料品盘点表

外协加工料品盘点表样式见表5-10。

表5-10　外协加工料品盘点表

编号：

| 序号 | 材料名称 | 规格型号 | 单位 | 单价（元） | 账面数量 | 盘点数量 | 盘盈 | | 盘亏 | | 差异原因说明及处理 |
|---|---|---|---|---|---|---|---|---|---|---|---|
| | | | | | | | 数量 | 金额（元） | 数量 | 金额（元） | |
| | | | | | | | | | | | |
| | | | | | | | | | | | |
| | | | | | | | | | | | |
| | | | | | | | | | | | |
| | | | | | | | | | | | |
| 厂商确认章 | 厂商负责人 | | 经管部门 | | | | | | | 财务部门 | |
| | | 部门主管 | | 主管 | | 经办人 | | | | 经办人 | |

日期：　　年　月　日

4）库存材料管理表

库存材料管理表样式见表5-11。

表5-11　库存材料管理表

编号：

| 序号 | 材料名称 | 规格型号 | 单位 | 预定 | | | 实际 | | | 差异 | | 摘要 |
|---|---|---|---|---|---|---|---|---|---|---|---|---|
| | | | | 数量 | 单价(元) | 金额(元) | 数量 | 单价(元) | 金额(元) | 数量 | 金额(元) | |
| | | | | | | | | | | | | |
| | | | | | | | | | | | | |
| | | | | | | | | | | | | |
| | | | | | | | | | | | | |
| | | | | | | | | | | | | |
| | | | | | | | | | | | | |

审核人：　　　　　　　　　　　　　　制表人：　　　　　　　　　　　日期：　年　月　日

5）材料库存记录表

材料库存记录表样式见表5-12。

表5-12　材料库存记录表

编号：

| 编号 | 材料名称 | 规格型号 | 单位 | 存放仓库制 | 最低存量 | 凭证号码 | 订单号码 | 本期收料 | 本期发出 | 结存量 | 说明 |
|---|---|---|---|---|---|---|---|---|---|---|---|
| | | | | | | | | | | | |
| | | | | | | | | | | | |
| | | | | | | | | | | | |
| | | | | | | | | | | | |
| | | | | | | | | | | | |
| | | | | | | | | | | | |

审核人：　　　　　　　　　　　　　　制表人：　　　　　　　　　　　日期：　年　月　日

6）库存管理明细表

库存管理明细表样式见表5-13。

表5-13　库存管理明细表

编号：

| 序号 | 材料名称 | 规格型号 | 单位 | 订单编号 | 本期收料 | 本期发出 | 库存数量 | 备注 |
|---|---|---|---|---|---|---|---|---|
|  |  |  |  |  |  |  |  |  |
|  |  |  |  |  |  |  |  |  |
|  |  |  |  |  |  |  |  |  |
|  |  |  |  |  |  |  |  |  |
|  |  |  |  |  |  |  |  |  |

审核人：　　　　　　　　　　　制表人：　　　　　　　　　　　日期：　年　月　日

7）仓库存料管理卡

仓库存料管理卡样式见表5-14。

表5-14　仓库存料管理卡

年度

| 材料名称 |  |  | 规格 |  |  | 最低存量 |  |  |
|---|---|---|---|---|---|---|---|---|
| 材料编号 |  |  | 存放位置 |  |  | 订购量 |  |  |

| 日期 |  | 收发领退凭单 | 收料记录 |  |  |  | 生产批令号码 | 发料记录 |  | 结存记录 |  | 备注 |
|---|---|---|---|---|---|---|---|---|---|---|---|---|
| 月 | 日 |  | 单位 | 单价（元） | 数量 | 金额（元） |  | 数量 | 金额（元） | 数量 | 金额（元） |  |
|  |  |  |  |  |  |  |  |  |  |  |  |  |
|  |  |  |  |  |  |  |  |  |  |  |  |  |
|  |  |  |  |  |  |  |  |  |  |  |  |  |
|  |  |  |  |  |  |  |  |  |  |  |  |  |
|  |  |  |  |  |  |  |  |  |  |  |  |  |
|  |  |  |  |  |  |  |  |  |  |  |  |  |
|  |  |  |  |  |  |  |  |  |  |  |  |  |

审核人：　　　　　　　　　　　制表人：　　　　　　　　　　　日期：　年　月　日

8）材料库存卡

材料库存卡样式见表5-15。

表5-15　材料库存卡

编号：

| 材料名称 | | | 材料编号 | | 最低存量 | | |
|---|---|---|---|---|---|---|---|
| 规格 | | | 放置地点 | | 计数单位 | | |
| 日期 | | 凭证号码 | 订单号码 | 入库数量 | 出库数量 | 结存数量 | 核对记号 | 备注 |
| 月 | 日 | | | | | | | |
| | | | | | | | | |
| | | | | | | | | |
| | | | | | | | | |
| | | | | | | | | |
| | | | | | | | | |

审核人：　　　　　　　　　　　制表人：　　　　　　　　　日期：　年　月　日

9）备用品管制卡

备用品管制卡样式见表5-16。

表5-16　备用品管制卡

编号：

| 备用品名称 | | | 规格 | | 单位 | | 使用寿命 | |
|---|---|---|---|---|---|---|---|---|
| 编号 | | | 供应商 | | 电话 | | 安全库存 | |
| 日期 | | 入库数 | 领用数 | 库存数 | 日期 | | 入库数 | 领用数 | 库存数 |
| 月 | 日 | | | | 月 | 日 | | | |
| | | | | | | | | | |
| | | | | | | | | | |
| | | | | | | | | | |
| | | | | | | | | | |
| | | | | | | | | | |

审核人：　　　　　　　　　　　制表人：　　　　　　　　　日期：　年　月　日

2.材料库存情况报表

1）材料仓库日报表

材料仓库日报表样式见表5-17。

表5-17　材料仓库日报表

编号：

| 材料编号 | 材料名称 | 规格 | 单位 | 供应厂商 | 昨日结存 | 本日进仓 | 本日出仓 | 本日结存 | 备注 |
|---|---|---|---|---|---|---|---|---|---|
|  |  |  |  |  |  |  |  |  |  |
|  |  |  |  |  |  |  |  |  |  |
|  |  |  |  |  |  |  |  |  |  |
|  |  |  |  |  |  |  |  |  |  |
|  |  |  |  |  |  |  |  |  |  |
|  |  |  |  |  |  |  |  |  |  |

审核人：　　　　　　　　　　　　　制表人：　　　　　　　　　　日期：　　年　月　日

2）材料库存月报表

材料库存月报表样式见表5-18。

表5-18　材料库存月报表

编号：

| 序号 | 材料名称 | 规格 | 单位 | 单价（元） | 上月结存 | | 本月进库 | | 本月发出 | | 本月结存 | | 备注 |
|---|---|---|---|---|---|---|---|---|---|---|---|---|---|
|  |  |  |  |  | 数量 | 金额（元） | 数量 | 金额（元） | 数量 | 金额（元） | 数量 | 金额（元） |  |
|  |  |  |  |  |  |  |  |  |  |  |  |  |  |
|  |  |  |  |  |  |  |  |  |  |  |  |  |  |
|  |  |  |  |  |  |  |  |  |  |  |  |  |  |
|  |  |  |  |  |  |  |  |  |  |  |  |  |  |
|  |  |  |  |  |  |  |  |  |  |  |  |  |  |
|  |  |  |  |  |  |  |  |  |  |  |  |  |  |

审核人：　　　　　　　　　　　　　制表人：　　　　　　　　　　日期：　　年　月　日

3）材料收支日报表

材料收支日报表样式见表5-19。

表 5-19　材料收支日报表

编号：

| 材料编号 | 材料名称 | 单位 | 规格 | 单价（元） | 上期库存量 | 本期收入 | 本期发出 | 本期结存 | 备注 |
|---|---|---|---|---|---|---|---|---|---|
| | | | | | | | | | |
| | | | | | | | | | |
| | | | | | | | | | |
| | | | | | | | | | |
| | | | | | | | | | |

审核人：　　　　　　　　　　　　　制表人：　　　　　　　　　　　日期：　　年　　月　　日

4）材料收发存月报表

材料收发存月报表样式见表5-20。

表 5-20　材料收发存月报表

编号：

| 编号 | 材料 | | | 计划单价（元） | 上月结存 | | 本月收入 | | 本月发出 | | | | 本月结存 | |
| | 名称 | 规格 | 单位 | | 数量 | 金额（元） | 自购 | | 主体用 | | 基础用 | | 数量 | 金额（元） |
| | | | | | | | 数量 | 金额（元） | 数量 | 金额（元） | 数量 | 金额（元） | | |
| | | | | | | | | | | | | | | |
| | | | | | | | | | | | | | | |
| | | | | | | | | | | | | | | |
| | | | | | | | | | | | | | | |
| | | | | | | | | | | | | | | |
| | | | | | | | | | | | | | | |

审核人：　　　　　　　　　　　　　制表人：　　　　　　　　　　　日期：　　年　　月　　日

5）材料收支存月报表

材料收支存月报表样式见表5-21。

表 5-21　材料收支存月报表

编号：

| 编号 | 材料 | | | 计划单价（元） | 上月结存 | | 本月收入 | | 本月发出 | | | | | | 本月结存 | |
| | 名称 | 规格 | 单位 | | 数量 | 金额（元） | 自购 | | 监理设施 | | 基础用 | | | | 数量 | 金额（元） |
| | | | | | | | 数量 | 金额（元） | 数量 | 金额（元） | 数量 | 金额（元） | | | | |
| | | | | | | | | | | | | | | | | |
| | | | | | | | | | | | | | | | | |
| | | | | | | | | | | | | | | | | |
| | | | | | | | | | | | | | | | | |
| | | | | | | | | | | | | | | | | |
| | | | | | | | | | | | | | | | | |

审核人：　　　　　　　　　　　制表人：　　　　　　　　　　日期：　年　月　日

6）材料进出使用余额日报表

材料进出使用余额日报表样式见表5-22。

表 5-22　材料进出使用余额日报表

编号：

| 序号 | 材料名称 | 前日库存 | 进料 | | | | | | 使用 | | | 本日库存 | 摘要 |
| | | | 1次 | 2次 | 3次 | 4次 | 5次 | 小计 | 数量 | 单价（元） | 金额（元） | | |
| | | | | | | | | | | | | | |
| | | | | | | | | | | | | | |
| | | | | | | | | | | | | | |
| | | | | | | | | | | | | | |
| | | | | | | | | | | | | | |
| | | | | | | | | | | | | | |

审核人：　　　　　　　　　　　制表人：　　　　　　　　　　日期：　年　月　日

# 第二节　材料的使用管理

## 一、材料的领发

材料的领发包括材料领发和材料耗用两个方面。控制材料的领发，监督材料的耗用，是实现工程节约，防止浪费的重要保证。

### （一）材料的领发步骤

材料领发要本着先进先出的原则，准确、及时地为生产服务，保证生产顺利进行。材料的领发步骤如下：

（1）发放准备。材料出库前，应做好计量工具、装卸运输设备、人力以及随货发出的有关证件等的准备，提高材料出库效率。

（2）核对出库凭证。企业材料的出库凭证一般指领料单和调拨单。在材料发放时，应该仔细核对出库凭证上的收料单位名称、地址，领用材料的品名、规格、材质、数量、到站（港）和付款单位银行账号与内容。

（3）备料。按出库凭证上材料的品名、规格、材质和数量，查对台账，核对实物，检查包装，清点复抄材料技术证明等资料。

（4）复核。对已备好的材料和技术证明等资料还应经过复核，以免发生差错。

（5）点交和清理。对出库材料，双方应进行当面点交。如系代运或送料，仓库保管员则应向发运人员或送料人员点交。材料出库后，保管员应及时清理现场，整理单据，记好发料台账。

（6）包装发运。外调代运材料应有专人负责包装发运。材料的包装应牢固，满足长途运输、多次倒运装卸的要求，并应符合运输部门的有关规定。

### （二）材料的领发方法

（1）大堆材料。大堆材料主要包括砖瓦、砂石、石灰等，可按限额领料单领发，并在指定的料场领发。

（2）主要材料。木材、钢材、水泥可按限额领料单领发，并结合有关的技术资料和使用方案领用。

（3）成品及半成品。成品及半成品主要指混凝土构件、钢木门窗、成型钢筋等，可按限额领料单和工程进度领发。

### （三）材料领发中应注意的问题

（1）提高材料人员的业务素质和管理水平。

（2）严格执行材料进场及发放的计量检测制度。

（3）认真执行限额用料制度。

（4）严格执行材料管理制度。

（5）对价值较高及易损、易坏、易丢的材料，领发双方应当面点清，签字认证，做好领发记录，并实行承包责任制。

### （四）材料耗用中应注意的问题

现场耗料是保证施工生产、降低材料消耗的重要环节，为此应做好以下工作：

（1）加强材料管理制度，建立、健全各种台账，严格执行限额领料和料具管理规定。

（2）分清耗料对象，记入相应成本，对分不清对象的，按定额和进度适当分解。

（3）建立、健全相应的考核制度。

（4）严格保管原始凭证，不得随意涂改。

（5）加强材料使用过程中的管理，认真进行材料核算。

## 二、材料的使用管理

在材料管理过程中，为控制材料使用量，往往采用限额领料的方法进行控制。限额领料是指在施工阶段对施工人员所使用物资的消耗量控制在一定的消耗范围内。它是企业内开展定额供应、提高材料的使用效果和企业经济效益、降低材料成本的基础和手段。

### （一）限额领料的依据

限额领料的依据一般有三个：一是施工材料消耗定额，二是用料者所承担的工程量或工作量，三是施工中必须采取的技术措施。由于定额是在一般条件下确定的，在实际操作中应根据具体的施工方法、技术措施及不同材料的试配资料来确定限额用量。

### （二）限额领料的形式

1. 按分项工程实行限额领料

按分项工程实行限额领料，就是按照分项工程进行限额，如钢筋绑扎、混凝土浇筑、砌筑、抹灰等，它是以施工班组为对象进行的限额领料。其优点是范围小，责任明确，利益直接，便于管理，但是在操作中往往会只顾虑自身利益而不顾与下道工序的衔接，以致影响最终的用料效果。

2. 按分层分段实行限额领料

按分层分段实行限额领料，就是按工程施工段或施工层对混合队或扩大的班组综合限定材料消耗数量，按施工段或施工层进行考核，是在分项工程限额用料的基础上的综合。其优点是对使用者直接、形象，较为简便易行，但要注意综合定额的科学性和合理性。

3. 按工程部位实行限额领料

按工程部位实行限额领料，就是按工程施工程序分为基础工程、结构工程和装饰工程，它是以施工专业队为对象进行的限额领料。这种做法实际上是扩大了的分项工程限额用料，有利于工种配合和工序搭接，能促进节约用料。

4. 按单位工程实行限额领料

按单位工程实行限额领料，就是对一个单位工程从开工到竣工全过程的工程项目的用料实行的限额领料，它是以项目经理部或分包单位为对象开展的限额领料。

### （三）限额领料的程序

1. 签发限额领料单

工程施工前，应根据工程的分包形式与使用单位确定限额领料的形式，然后根据有关部门编制的施工预算和施工组织设计，将所需材料数量汇总后编制材料限额数量，经双方确认后下发。

通常，限额领料单为一式三份。一份交保管员作为控制发料的依据，一份交使用单位作为领料的依据，一份由签发单位留存作为考核的依据。

2. 下达

将限额领料单下达到用料者手中，并进行用料交底，应讲清用料措施、要求及注意事项。

3. 应用

用料者凭限额领料单到指定部门领料,材料部门在限额内发料。每次领发数量、时间要作好记录,并互相签认。

4. 检查

在用料过程中,对影响用料因素进行检查,帮助用料者正确执行定额,合理使用材料。检查的内容包括施工项目与定额项目的一致性、验收工程量与定额工程量的一致性、操作是否符合规程、技术措施是否落实、工作完成后是否料净。

5. 验收

完成任务后,由有关人员对实际完成工程量和用料情况进行测定与验收,作为结算用工、用料的依据。

6. 结算与分析

限额领料是在多年的实践中总结出的控制现场使用材料的行之有效的方法。工程完工后,双方应及时办理结算手续,检查限额领料的执行情况,并根据实际完成的工程量核对和调整应用材料量,与实耗量进行对比,结算出用料的节约量或超耗量,然后进行分析,查找用料节超原因,总结经验,吸取教训。

**(四)限额领料的调整**

在限额领料的执行过程中,会有许多因素影响材料的使用,如工程量的变更、设计更改、环境因素的影响等。限额领料的主管部门在限额领料的执行过程中深入施工现场,了解用料情况,根据实际情况及时调整限额数量,以保证施工生产的顺利进行和限额领料制度的连续性、完整性。

**(五)限额领料的新探索**

随着项目施工的不断完善,许多企业和项目部开展了不同形式的控制材料消耗的方法,如包工包料(将材料消耗控制全部交分包管理控制)、与分包签订包保合同、定额供应、包干使用等。这些方法在一定时期、一定程度上也取得了一定效果。例如,有些企业在施工过程中采取以下措施,对限额领料进行了新的探索。

1. 钢筋加工

分包或加工班组签订协议,将钢筋的加工损耗包给班组或分包单位。加工后,根据损耗情况实行奖罚。目的是控制钢筋加工错误,促使操作者合理利用、综合下料、降低消耗。

2. 混凝土

按图纸工程量与混凝土供应单位进行结算,控制混凝土在供应过程中的亏量。

3. 模板及周转材料

确定周转次数和损耗量,与分包单位或班组签订包保合同。

4. 其他材料

在领料时,由工程部门协助控制数量,由工程主管人员签字后,材料部门方可发料。

**(六)限额领料的跟踪检查**

在施工过程中,应结合现场文明施工进行管理,并对限额领料进行跟踪检查。

1. 检查操作

主要检查施工人员是否按规定的技术规范进行操作,有无大材小用等浪费现象。

**2.检查措施的执行**

主要检查施工人员是否按技术部门制定的节约措施执行及执行的效果。

**3.检查材料使用情况**

以活完脚下清为原则,检查材料使用者是否做到了工完场清、活完脚下清、各种材料清底使用等。

### 三、材料的使用监督

材料的使用监督就是为了保证材料在使用过程中能合理地消耗,充分发挥其最大效用。

**（一）材料使用监督的内容**

材料使用监督的内容如下:

(1)监督材料在使用中是否按照材料的使用说明和材料做法的规定操作。

(2)监督材料在使用中是否按技术部门制订的施工方案和工艺进行。

(3)监督材料在使用中操作人员有无浪费现象。

(4)监督材料在使用中操作人员是否做到工完场清、活完脚下清。

**（二）材料使用监督的手段**

(1)定额供料、限额领料,控制现场消耗。

(2)采用"跟踪管理"方法,将物资从出库到运输到消耗全过程跟踪管理,保证材料在各个阶段都处于受控状态。

(3)中间检查,查看操作者在使用过程中的使用效果,进行奖罚。

**（三）废旧及剩余物料回收**

(1)如有后续工程,工程的剩余物资尽可能用到新开的工程项目上,由公司物资部门负责调剂,冲减原项目工程成本。

(2)当工程项目完工,又无后续工程时,剩余物资由公司物资部门与项目部协商处理,处理后的费用冲减原工程项目成本。

(3)各项目经理部材料人员,在工程接近收尾阶段,要经常检查、掌握现场余料情况,预测未完施工用料数量,严格控制现场进料,尽量减少现场余料积压。

(4)项目经理部在本项目竣工期内,或竣工后承接新的工程,剩余材料需列出清单,经稽核办理转库手续后,方可进入新的工程中使用。此费用冲减原项目成本。

(5)为鼓励新开项目在保证工程质量的前提下,积极使用其他项目剩余物资和加工设备,将所使用其他工程的废旧及剩余物资作为积压、账外物资核算,给予新开项目奖励。

(6)因建设单位设计变更,造成多余材料的积压,由项目物资部门会同合约部门与业主商谈,余料退回建设单位,收回料款或向建设单位提出积压材料经济损失索赔。

(7)工程加工后的废旧物资由公司物资部门负责处理。公司物资部门有关人员严格按照国家、地方的有关规定进行办理。处理过程中,须会同项目经理部有关人员进行定价、定量。处理后,所得费用冲减项目材料成本。

**（四）不合格品处理**

验收质量不合格,不能点收时,可以拒收,并及时通知上级供应部门(或供货单位)。如与供货单位协商作代保管处理时,则应有书面协议,并应单独存放,在来料凭证上写明质量情况和暂行处理意见。已进场的材料,发现质量问题或技术资料不齐时,材料管理人员应及时填报"材料质量验收报告单",并报上一级主管部门,以便及时处理,暂不发料,不使用,原封妥善保管。

## 四、材料使用管理常用表格

### (一)材料领发

1. 领料单

领料单样式见表5-23。

表5-23 领料单

领料部门: 项目部

| 物料名称 | 规格 | 数量 | 单位 | 用途说明 |
|---|---|---|---|---|
| | | | | |
| | | | | |
| | | | | |

审核人: 日期: 年 月 日

2. 成批领料单

成批领料单样式见表5-24。

表5-24 成批领料单

| 工程名称 | | 批量 | | | 制表人 | | | 日期 | |
|---|---|---|---|---|---|---|---|---|---|
| 项次 | 材料名称 | 规格 | 单位 | 单位用量 | 应领 | 实发 | 补退记录 | 合计 | 单价（元） | 总额（元） |
| | | | | | | | | | | |
| | | | | | | | | | | |
| | | | | | | | | | | |
| | | | | | | | | | | |

主管: 领料人: 日期: 年 月 日

3. 特别领料单

特别领料单样式见表5-25。

表5-25 特别领料单　　　　　　　　　编号:

| 原领料单号 | | 材料名称 | | 规格 | | 计划数 | | 不足数 | |
|---|---|---|---|---|---|---|---|---|---|
| 不足原因 | | | | | | | | | |
| 物料追加明细 | | | | | | | | | |
| 料号 | | | | | | | | | |
| 追加数量 | | | | | | | | | |
| 日期 | | | | | | | | | |
| 会计 | | 部门经理 | | 主管 | | | 申请人 | | |

审核人: 日期: 年 月 日

· 106 ·

4.批号领料汇总表

批号领料汇总表样式见表5-26。

表5-26 批号领料汇总表

| 领料单位 | | 工程名称 | | | | 制表人 | | 制表日期 | | |
|---|---|---|---|---|---|---|---|---|---|---|
| 序号 | 物料名称 | 规格 | 物料编号 | 单位 | 数量 | | 领料记录 | | | |
| | | | | | | | | | | |
| | | | | | | | | | | |
| | | | | | | | | | | |
| | | | | | | | | | | |
| | | | | | | | | | | |
| | | | | | | | | | | |
| | | | | | | | | | | |
| | | | | | | | | | | |
| 工程部 | | 领料员 | | | | 物料部 | | 物料员 | | |
| | | 主管 | | | | | | 主管 | | |

5.材料领用记录单

材料领用记录单样式见表5-27。

表5-27 材料领用记录单

工程名称： 工程

| 序号 | 材料名称 | 规格 | 单位用量 | 标准用量 | 领用单位 | 领用记录 | | | | | | | 超用率 |
|---|---|---|---|---|---|---|---|---|---|---|---|---|---|
| | | | | | | 日期 | 数量 | 日期 | 数量 | 日期 | 数量 | 合计 | |
| | | | | | | | | | | | | | |
| | | | | | | | | | | | | | |
| | | | | | | | | | | | | | |
| | | | | | | | | | | | | | |
| | | | | | | | | | | | | | |
| | | | | | | | | | | | | | |
| | | | | | | | | | | | | | |

审核人： 制表人： 日期： 年 月 日

6.材料领用管理卡

材料领用管理卡样式见表 5-28。

表 5-28　材料领用管理卡

工程名称：　　　　工程　　　　　　　　　　　　　　　　　　　　　　　　　　　　　　　　编号：

| 序号 | 材料名称 | 规格 | 标准用量 | 需要数量 | 领用记录 | | | | | | | | | 单价(元) | 金额(元) | 备注 |
|---|---|---|---|---|---|---|---|---|---|---|---|---|---|---|---|---|
| | | | | | 日期 | 数量 | 日期 | 数量 | 日期 | 数量 | 日期 | 数量 | 合计 | | | |
| | | | | | | | | | | | | | | | | |
| | | | | | | | | | | | | | | | | |
| | | | | | | | | | | | | | | | | |
| | | | | | | | | | | | | | | | | |
| | | | | | | | | | | | | | | | | |
| | | | | | | | | | | | | | | | | |

审核人：　　　　　　　　　　　　　　制表人：　　　　　　　　　　　日期：　年　月　日

7.领用物料记录表

领用物料记录表样式见表 5-29。

表 5-29　领用物料记录表

编号：

| 序号 | 物料名称 | 规格 | 领料部门 | 领用记录 | | |
|---|---|---|---|---|---|---|
| | | | | 领料单号 | 数量 | 日期 |
| | | | | | | |
| | | | | | | |
| | | | | | | |
| | | | | | | |
| | | | | | | |
| | | | | | | |

审核人：　　　　　　　　　　　　　　制表人：　　　　　　　　　　　日期：　年　月　日

8. 领用材料记录表

领用材料记录表样式见表5-30。

表5-30　领用材料记录表

编号：

| 领料单位 | | | 领料单 | | | 领料人姓名 | | |
|---|---|---|---|---|---|---|---|---|
| 日期 | 材料名称 | 规格 | 预定用料量 | 领料数量 | 退料数量 | 实际领料量 | 实际用量 | 备注 |
| | | | | | | | | |
| | | | | | | | | |
| | | | | | | | | |
| | | | | | | | | |
| | | | | | | | | |
| | | | | | | | | |
| 标准用量 | | | | | | | | |

审核人：　　　　　　　　　　制表人：　　　　　　　　　　日期：　年 月 日

9. 材料发放记录表

材料发放记录表样式见表5-31。

表5-31　材料发放记录表

编号：

| 材料编号 | 材料名称 | 型号规格 | 数量 | 材质号 | 批号 | 领用人 |
|---|---|---|---|---|---|---|
| | | | | | | |
| | | | | | | |
| | | | | | | |
| | | | | | | |
| | | | | | | |
| | | | | | | |
| | | | | | | |

主管：　　　　　　　　　　发放人：　　　　　　　　　　日期：　年 月 日

10.物料收发记录表

物料收发记录表样式见表5-32。

表5-32 物料收发记录表

| 日期 | 材料名称 | 规格 | 单据号码 | 发料量 | 存量 | 收料量 | 退回 | 订货记录 | 备注 |
|---|---|---|---|---|---|---|---|---|---|
|  |  |  |  |  |  |  |  |  |  |
|  |  |  |  |  |  |  |  |  |  |
|  |  |  |  |  |  |  |  |  |  |
|  |  |  |  |  |  |  |  |  |  |
|  |  |  |  |  |  |  |  |  |  |
|  |  |  |  |  |  |  |  |  |  |

审核人： 制表人： 日期： 年 月 日

11.发出材料汇总表

发出材料汇总表样式见表5-33。

表5-33 发出材料汇总表

编号：

| 材料类别 | A 材料 | | B 材料 | | 合计金额（元） |
|---|---|---|---|---|---|
| 受益对象 | 单价（元） | 数量 | 单价（元） | 数量 | |
| 工程施工 |  |  |  |  |  |
| 辅助生产 |  |  |  |  |  |
| 其他业务支出 |  |  |  |  |  |
| 委托加工材料 |  |  |  |  |  |
| 合计 |  |  |  |  |  |

主管： 制表人： 日期： 年 月 日

12. 材料欠发单

材料欠发单样式见表5-34。

表5-34　材料欠发单

编号：

| 领料单位 | | | | 制造号码 | | |
|---|---|---|---|---|---|---|
| 材料编号 | 名称 | 规范 | 单位 | 欠发数量 | | 备注 |
| | | | | | | |
| | | | | | | |
| | | | | | | |
| | | | | | | |
| | | | | | | |

欠发原因：

发料员：

审核人：　　　　　　　　　　　　　制表人：　　　　　　　　日期：　　年　月　日

（二）限额领料

1. 限额领料登记表

限额领料登记表样式见表5-35。

表5-35　限额领料登记表

工程名称：　　　　　工程

编号：

| 日期 | 材料名称 | 规格 | 单位 | 数量 | | 节超记录 | | 使用班组 | 领料人 |
|---|---|---|---|---|---|---|---|---|---|
| | | | | 定额 | 领用 | 节余 | 超支 | | |
| | | | | | | | | | |
| | | | | | | | | | |
| | | | | | | | | | |
| | | | | | | | | | |
| | | | | | | | | | |
| | | | | | | | | | |
| | | | | | | | | | |

材料员：　　　　　　　　　　　　保管员：　　　　　　　　日期：　　年　月　日

2.限额材料验收单

限额材料验收单样式见表5-36。

**表 5-36　限额材料验收单**

工程名称：　　　　　　　　　　供货单位：　　　　　　　　　　编号：

| 材料名称 | 规格 | 单位 | 实收数量 | 备注 |
|---|---|---|---|---|
|  |  |  |  |  |
|  |  |  |  |  |
|  |  |  |  |  |
|  |  |  |  |  |
|  |  |  |  |  |
|  |  |  |  |  |
|  |  |  |  |  |

保管员：　　　　　材料员：　　　　　审核人：　　　　　　　日期：　　年　月　日

### （三）剩余物料回收

1.退料单

退料单样式见表5-37。

**表 5-37　退料单**

编号：

| 退料部门 |  | 原领料批号 |  | 退料日期 |  |  |
|---|---|---|---|---|---|---|
| 序号 | 退料名称 | 料号 | 退料量 | 实收量 | 退料原因 | 备注 |
|  |  |  |  |  |  |  |
|  |  |  |  |  |  |  |
|  |  |  |  |  |  |  |
|  |  |  |  |  |  |  |
|  |  |  |  |  |  |  |
|  |  |  |  |  |  |  |
|  |  |  |  |  |  |  |

主管：　　　　　点收人：　　　　　登账人：　　　　　退料人：

2.领退料单

领退料单样式见表5-38。

表5-38　领退料单

| 领退部门 | | | | | 领退时间 | | | |
|---|---|---|---|---|---|---|---|---|
| 序号 | 领料 | 退料 | 品名 | 规格 | 料号 | 领退数量 | 收发数量 | 备注 |
|  |  |  |  |  |  |  |  |  |
|  |  |  |  |  |  |  |  |  |
|  |  |  |  |  |  |  |  |  |
|  |  |  |  |  |  |  |  |  |
|  |  |  |  |  |  |  |  |  |
| 用途及退料原因： | | | | | | | | |

审核人：　　　　　　　　　　　制表人：　　　　　　　　日期：　年　月　日

3.材料退料单

材料退料单样式见表5-39。

表5-39　材料退料单

编号：

| 品名 | 规格 | 材料编号 | 退回数量 | 单价<br>（元） | 金额<br>（元） | 原领料价格<br>（元） | 该批材料实际价格<br>（元） |
|---|---|---|---|---|---|---|---|
|  |  |  |  |  |  |  |  |
|  |  |  |  |  |  |  |  |
|  |  |  |  |  |  |  |  |
| 退料原因<br>说明 |  |  |  |  |  |  |  |

审核人：　　　　　　　　　　　制表人：　　　　　　　　日期：　年　月　日

4. 退料缴库单

退料缴库单样式见表5-40。

表 5-40　退料缴库单

编号：

| 工程名称 | | 退料单位 | | ×××项目部 | 退料日期 | 年 月 日 |
|---|---|---|---|---|---|---|
| 材料编号 | 材料名称 | 规格 | | 单位 | 数量 | 退库详细原因 |
| | | | | | | |
| | | | | | | |
| | | | | | | |
| | | | | | | |
| | | | | | | |
| | | | | | | |
| | | | | | | |

仓库收料人：　　　　　　　　　　主管：　　　　　　　　　　退料人：

5. 电焊条回收记录表

电焊条回收记录表样式见表5-41。

表 5-41　电焊条回收记录表

领用单位：　项目部　　　　　　　领用人：　　　　　　　　　编号：

| 序号 | 规格型号 | 批号 | 单位 | 保温筒温度 | 使用部位 | 焊工及焊工号 | 焊条交回数量 |
|---|---|---|---|---|---|---|---|
| | | | | | | | |
| | | | | | | | |
| | | | | | | | |
| | | | | | | | |
| | | | | | | | |
| | | | | | | | |

发放人：　　　　　　　　　　　　　　日期：　年 月 日

6. 物料报废申请单

物料报废申请单样式见表5-42。

表 5-42　物料报废申请单

申请单位：　项目部　　　　　　　　　　　　　　　　　　　　　　编号：

| 物料编号 | 物料名称 | 规格/型号 | 数量 | 单位 | 报废原因 | 原价（元） | 残值（元） |
|---|---|---|---|---|---|---|---|
| | | | | | | | |
| | | | | | | | |
| | | | | | | | |
| | | | | | | | |
| | | | | | | | |
| | | | | | | | |
| | | | | | | | |

| 核准 | | 申请单位 | | | | | |
|---|---|---|---|---|---|---|---|
| | 主管 | | | | 承办 | | |

审核人：　　　　　　　　　制表人：　　　　　　　　　日期：　年 月 日

7. 材料报废表

材料报废表样式见表 5-43。

表 5-43　材料报废表

编号：

| 报废物品名称 | 报废物品编号 | 报废数量 | 原用途 |
|---|---|---|---|
| | | | |
| 报废原因及状况 | 成本计算 | 处置方式 | 价值评定 |
| | | | |
| | | | |
| | | | |
| | | | |
| | | | |
| | | | |

部门经理：　　　　审核人：　　　　　　制表人：　　　　　　日期：　年 月 日

## (四)不合格品处置

1. 检验不合格品通知单

检验不合格品通知单样式见表5-44。

**表5-44 检验不合格品通知单**

填报部门：　　　　项目部　　　　　　　　　　　　　　　　　　　编号：

| 委托单位 | | 工程名称 | |
|---|---|---|---|
| 检验项目 | | 检验日期 | |
| 不合格内容 | | | |
| 备注 | | | |

主管：　　　　　　　　　　　填表人：　　　　　　　　日期：　年　月　日

2. 不合格品评审处置表

不合格品评审处置表样式见表5-45。

**表5-45 不合格品评审处置表**

编号：

| 材料名称 | | 规格 | | 使用部位 | |
|---|---|---|---|---|---|
| 数量 | | 不良数 | | 不良率 | |
| 不合格品描述：<br><br>反馈人：　　　日期：　年　月　日 | | | | | |
| 评审部门 | 评审意见 | | 负责人 | | |
| 技术部 | | | | | |
| 管理部 | | | | | |
| 采购部 | | | | | |
| 质量部 | | | | | |
| 处置决定：<br><br>总经理签字：　　　日期：　年　月　日 | | | | | |
| 重新检验结论：<br><br>检验员：　　　日期：　年　月　日 | | | | | |

审核人：　　　　　　　　　　制表人：　　　　　　　日期：　年　月　日

3. 不合格品处置表

不合格品处置表样式见表5-46。

表5-46　不合格品处置表

编号：

| 不合格品名称 | | 填报部门 | |
| --- | --- | --- | --- |
| 不合格发生部位 | | 填报人 | |
| 不合格来源 | | 填报日期 | |
| 不合格品描述： | | | |
| 识别意见：□一般不合格　□严重不合格 | | | |
| 处置意见：□返修　　　　□让步接受<br>　　　　　□降级使用　□退货<br>　　　　　□其他<br><br>　　　　　　　　　　　　　　评审人：　　　　日期：　年　月　日 | | | |
| 处置记录：<br><br>　　　　　　　　　　　　　　责任人：　　　　日期：　年　月　日 | | | |
| 验证处置：<br><br>　　　　　　　　　　　　　　验证人：　　　　日期：　年　月　日 | | | |

4. 轻微不合格品处置统计表

轻微不合格品处置统计表样式见表5-47。

表5-47　轻微不合格品处置统计表

编号：

| 日期 | 轻微不合格情况及原因 | 发生部位 | 处置措施 | 实施人 | 检查人 | 处置结果 |
| --- | --- | --- | --- | --- | --- | --- |
| | | | | | | |
| | | | | | | |
| | | | | | | |

审核人：　　　　　　　　　　制表人：　　　　　　　　　日期：　年　月　日

·117·

5. 不合格品处理追踪表

不合格品处理追踪表样式见表5-48。

表5-48    不合格品处理追踪表

| 序号 | 登录日期 | 不合格品名 | 规格 | 批号 | 数量 | 供应/制造单位 | 不良内容摘要 | 发出日期 | 回复日期 | 验证结果及日期 | 备注 |
|---|---|---|---|---|---|---|---|---|---|---|---|
|  |  |  |  |  |  |  |  |  |  |  |  |
|  |  |  |  |  |  |  |  |  |  |  |  |
|  |  |  |  |  |  |  |  |  |  |  |  |
|  |  |  |  |  |  |  |  |  |  |  |  |
|  |  |  |  |  |  |  |  |  |  |  |  |

审核人：                          制表人：                          日期：     年   月   日

# 第三节    周转材料及料具的管理

## 一、周转材料的管理

### (一)周转材料的概念

周转材料是指在施工生产中可以反复使用,而又基本保持其原有形态,有助于产品形成,但不构成产品实体的各种特殊材料。

周转材料就其作用看属于劳动资料,在使用过程中不构成建筑产品实体,而是在多次反复使用过程中逐步磨损和消耗。周转材料是一种工具性质的特殊材料,因其在预算取费和财务核算及采购等管理上列入"材料"项目,故称之为周转材料。

周转材料及工具与一般建筑材料相比较,其价值转移方式不同。建筑材料的价值一次性全部转移到建筑产品价格中,并从销售收入中得到补偿。周转材料及工具依据在使用中的磨损程度,逐步转移到产品价格中,从销售收入中逐步得到补偿。垫支在周转材料及工具上的资金,一部分随着价值转移脱离实物形态而转化成货币形态;另一部分则继续存在于实物形态中,随着周转材料及工具的磨损,最后全部转化为货币准备金而脱离实物形态。

周转材料及工具由于单位价值较低,且使用周期短,将其视做特殊材料归材料部门管理,而不归固定资产管理。

### (二)周转材料的分类

施工生产中常用的周转材料包括定型组合钢模板、滑升模板、胶合板、木模板、竹木脚手架、钢管脚手架、安全网、挡土板等。

**1.按自然属性分**

周转材料按自然属性可分为以下4类。

(1)钢制品:如钢模板、钢管脚手架等。

(2)木制品:如木脚手架、木跳板、木挡土板、木制混凝土模板等。

(3)竹制品:如竹脚手架、竹跳板等。

(4)胶合板:如竹胶合板、木制胶合板等。

**2.按使用对象分**

周转材料按使用对象可分为以下3类。

(1)混凝土工程用周转材料:如钢模板、木模板、竹胶合板等。

(2)结构及装饰工程用周转材料:如脚手架、跳板等。

(3)安全防护用周转材料:如安全网、挡土板等。

### (三)周转材料管理的内容

**1.周转材料的使用管理**

周转材料的使用管理,是指为了保证施工生产顺利进行或有助于建筑产品的形成而对周转材料进行拼装、支撑、运用以及拆除的作业过程的管理。

**2.周转材料的养护管理**

周转材料的养护管理,是指例行养护,包括除去灰垢、涂刷防锈剂或隔离剂,以保证周转材料处于随时可投入使用状态的管理。

**3.周转材料的维修管理**

周转材料的维修管理,是指对损坏的周转材料进行修复,使其恢复或部分恢复原有功能的管理。

**4.周转材料的改制管理**

周转材料的改制管理,是指对损坏或不再用的周转材料,按照新的要求改变其外形。

**5.周转材料的核算**

周转材料的核算,是指对周转材料的使用状况进行反映和监督。核算包括会计核算、统计核算和业务核算三种方式。会计核算主要反映周转材料投入和使用的经济效益及其摊销状况,是资金(货币)的核算。统计核算主要反映数量规模、使用状况和使用趋势,是数量的核算。业务核算是材料部门等根据实际需要和业务特点进行的核算,它既有资金的核算,也有数量的核算;业务核算是一种局部核算。

### (四)周转材料的管理方法

周转材料的管理方法有很多,如租赁法、费用承包法、实物量承包法等。

**1.周转材料的租赁**

1)租赁的概念

租赁是指在一定期限内,产权的拥有方向使用方提供材料的使用权,但不改变材料的所有权,双方各自承担一定的义务,履行一定契约的一种经济关系。实行租赁制度必须将周转材料的产权集中于企业进行统一管理,这是实行租赁制度的前提条件。

2)周转材料租赁管理的内容

(1)测算租金标准。

应根据周转材料的市场价格变化及摊销额度要求测算租金标准,并使之与工程周转材料费用收入相适应。日租金的计算公式为

$$日租金(元) = \frac{月摊销费 + 管理费 + 保养费}{月度日历天数}$$

式中,管理费和保养费均按周转材料原值的一定比例计取,一般不超过原值的2%。

(2)签订租赁合同。

签订租赁合同,在合同中应明确以下内容:

①明确租赁的品种、规格和数量,并附有租用品明细表以便查核;

②明确租用的起止日期、租用费用以及租金结算方式;

③规定使用要求、质量验收标准和赔偿办法;

④明确双方的权利和义务;

⑤明确违约责任的追究和处理。

(3)考核租赁效果。

租赁效果的考核指标有以下几项。

①出租率:

$$某种周转材料的出租率(\%) = \frac{期内平均出租数量}{期内平均拥有量} \times 100\%$$

式中,期内平均出租数量 $= \dfrac{期内租金收入(元)}{期内单位租金(元)}$;期内平均拥有量为以天数为权数的各阶段拥有量的加权平均值。

②损耗率:

$$某种周转材料的损耗率(\%) = \frac{期内损耗量总金额(元)}{期内出租数量总金额(元)} \times 100\%$$

③周转次数(主要考核组合钢模板):

工具式钢模板周转次数50次,施工损耗1%。

3)周转材料租赁核算的内容

(1)周转材料的租用。

项目确定使用周转材料后,应根据使用方案制订需要计划,由专人向租赁部门签订租赁合同,并做好周转材料进入施工现场的各项准备工作,如存放及拼装场地等。租赁部门必须按合同保证配套供应并登记"周转材料租赁台账"(见表5-49)。

表5-49　周转材料租赁台账

租用单位:　　　　　　　　　　　　　　　　　　　　　工程名称:

| 租用日期 | | 名称 | 规格型号 | 计量单位 | 租用数量 | 合同终止日期 | 合同编号 |
| --- | --- | --- | --- | --- | --- | --- | --- |
| 月 | 日 | | | | | | |
| | | | | | | | |
| | | | | | | | |
| | | | | | | | |
| | | | | | | | |

（2）周转材料的验收和赔偿。

租赁部门应对退库周转材料进行数量、外观质量验收。如有丢失损坏，应由租用单位按照租赁合同规定赔偿。赔偿标准一般可参照以下原则掌握：对丢失或严重损坏（指不可修复的，如管体有死弯，板面严重扭曲）按原值的50%赔偿；一般性损坏（指可修复的，如板面打孔、开焊等）按原值的30%赔偿；轻微损坏（指不需使用机械修复的）按原值的10%赔偿。租用单位退租前必须清除混凝土灰垢，为验收创造条件。

（3）周转材料的租金结算。

租金的结算期限一般自提运的次日起至退租之日止，租金按日历天数考核，逐日计取，按月结算。租用单位实际支付的租赁费用包括租金和赔偿费两项。其中，租赁费用的计算公式如下：

$$租赁费用(元) = \sum[租用数量 \times 相应日租金(元) \times 租用天数 +$$
$$丢失损坏数量 \times 相应原值 \times 相应赔偿率]$$

根据结算结果由租赁部门填制"租金及赔偿结算单"，见表5-50。

表 5-50　租金及赔偿结算单

租用单位：

工程名称：　　　　　　　　　　　　　　　　　　　　　　　　合同编号：

| 名称 | 规格型号 | 计量单位 | 租用数量 | 退库数量 | 租用天数 | 租金（元） | | 赔偿数量 | 金额（元） | 合计金额（元） |
| | | | | | | 日租金 | 金额 | | | |
| --- | --- | --- | --- | --- | --- | --- | --- | --- | --- | --- |
| | | | | | | | | | | |
| | | | | | | | | | | |
| | | | | | | | | | | |
| | | | | | | | | | | |
| | | | | | | | | | | |
| 合计 | | | | | | | | | | |

制表人：　　　　　　　　　租用单位经办人：　　　　　　结算日期：　　年　　月　　日

4）降低周转材料租赁费的途径

可通过以下几种途径降低周转材料租赁费：

（1）合理确定出租方；

（2）正确确定租赁、归还的时间和数量；

（3）加快施工进度；

（4）做好现场管理工作。

**2. 周转材料的费用承包**

周转材料的费用承包是适应项目法施工的一种管理形式，或者说是项目法施工对周转材料管理的要求。它是指以单位工程为基础，按照预定的期限和一定的方法测定一个适当的费用额度交由承包者使用，实行节奖超罚的管理。

1）周转材料的承包费用的确定

（1）周转材料的承包费用的收入。承包费用的收入就是承包者所接受的承包额。承包额有扣额法和加额法两种确定方法。所谓扣额法，是指按照单位工程周转材料的预（概）算费用收入,扣除规定的成本后剩余的费用;所谓加额法,是指根据施工方案所确定的使用数量,结合额定周转次数和计划工期等因素所限定的实际使用费用,加上一定的系数作为承包者的最终费用收入。系数额是指一定历史时期的平均耗费系数与施工方案所确定的费用收入的乘积。计算公式如下:

$$扣额法费用收入(元) = 概(预)算费用收入(元) \times [1 - 成本降低率(\%)]$$
$$加额法费用收入(元) = 施工方案确定的费用收入(元) \times (1 + 平均耗费系数)$$

$$平均耗费系数 = \frac{实际耗用量 - 定额耗用量}{实际耗用量}$$

(2)周转材料的承包费用的支出。

承包费用的支出是在承包期限内所支付的周转材料使用费(租金)、赔偿费、运输费、二次搬运费以及支出的其他费用之和。

2)周转材料的费用承包管理的内容

(1)周转材料的承包协议的签订。

承包协议是对承、发包双方的责、权、利进行约束的内部法律文件。它一般包括工程概况,应完成的工程量,需用周转材料的品种、规格、数量,承包费用、承包期限,双方的责任与权利,不可预见问题的处理以及奖罚等内容。

(2)周转材料的承包额的分析。

首先,要分解承包额。承包额确定之后,应进行大概的分解。以施工用量为基础将其还原为各个品种的承包费用。例如,将费用分解为钢模板、焊管等品种所占的份额。其次,要分析承包额。实际工作中,常常是不同品种的周转材料分别进行承包,或只承包某一品种的费用。这就需要对承包效果进行预测,并根据预测结果提出有针对性的管理措施。

(3)周转材料的费用承包的准备。

根据承包方案和工程进度认真编制周转材料的需用计划,注意计划的配套性(品种、规格、数量及时间的配套)要留有余地、不留缺口。

根据配套数量同企业租赁部门签订租赁合同,积极组织材料进场并做好进场前的各项准备工作,包括选择、平整和拼装场地及开通道路等,对现场狭窄的地方应做好分批进场的时间安排,或事先另选存放场地。

3)周转材料的费用承包效果的考核

周转材料的承包期满后,要对承包效果进行严肃认真的考核、结算和奖罚。

提高承包经济效果的基本途径有两条:

(1)在使用数量既定的条件下,努力提高周转次数;

(2)在使用期限既定的条件下,努力减少占用量。同时,应减少丢失和损坏数量,积极实行和推广组合钢模的整体转移,以减少停滞、加速周转。

3. 周转材料的实物量承包

周转材料的实物量承包的主体是施工班组,也称班组定包。它是指项目班子或施工队根据使用方案按定额数量对班组配备周转材料,规定损耗率,由班组承包使用,实行节奖超罚的管理办法。

周转材料的实物量承包是费用承包的深入和继续,是保证费用承包目标值的实现和避免费用承包出现断层的管理措施。

1）定包数量的确定

以组合钢模为例，说明定包数量的确定方法。

（1）模板用量的确定。

根据费用承包协议规定的混凝土工程量编制模板配模图，据此确定模板计划用量，加上一定的损耗量即为交由班组使用的承包数量。计算公式如下：

$$模板定包数量（m^2）=计划用量（m^2）×[1+定额损耗率（\%）]$$

式中，定额损耗率一般不超过计划用量的1%。

（2）零配件用量的确定。零配件定包数量根据模板定包数量来确定。每万平方米模板零配件的用量分别为：

U型卡：140 000件，插销：300 000件；

内拉杆：12 000件，外拉杆：24 000件；

三型扣件：36 000件，勾头螺栓：12 000件；

紧固螺栓：12 000件。

$$零配件定包数量（件）=计划用量（件）×[1+定额损耗率（\%）]$$

式中，计划用量（件）$=\dfrac{模板定包数量（m^2）}{10\ 000（m^2）}×$相应配件用量（件）。

2）定包效果的考核和核算

定包效果主要考核损耗率，即用定额损耗量与实际损耗量相比，如有盈余为节约，反之为亏损。如实现节约则全额奖给定包班组，如出现亏损则由班组赔偿全部亏损金额。计算公式如下：

$$奖（+）罚（-）金额（元）=定包数量（件）×原值（元）×[定额损耗率（\%）-$$
$$实际损耗率（\%）]$$

式中，实际损耗率（\%）$=\dfrac{实际损耗数量}{定包数量}×100\%$。

根据定包及考核结果，填制"班组定包结算单"，对定包班组兑现奖罚，见表5-51。

表5-51　班组定包结算单

单位：　　　　　　　　班组：　　　　　　　　　　　　　　　　编号：

| 材料名称 | 规格型号 | 计量单位 | 计划单价（元） | 定包数量总金额（元） | 定额损耗总金额（元） | 实际损耗总金额（元） | 奖（+）罚（-）金额（元） |
|---|---|---|---|---|---|---|---|
|  |  |  |  |  |  |  |  |
|  |  |  |  |  |  |  |  |
|  |  |  |  |  |  |  |  |
|  |  |  |  |  |  |  |  |
|  |  |  |  |  |  |  |  |

主管：　　　　　制表人：　　　　　财务：　　　　　班组：

制表日期：　　年　月　日

4.周转材料租赁、费用承包和实物量承包三者之间的关系

周转材料的租赁、费用承包和实物量承包是三个不同层次的管理,是有机联系的统一整体。实行租赁是企业对工区或施工队所进行的费用控制和管理;实行费用承包是工区或施工队对单位工程或承包栋号所进行的费用控制和管理;实行实物量承包是单位工程或承包栋号对使用班组所进行的数量控制和管理,这样便形成了既有不同层次、不同对象,又有费用和数量的综合管理体系。因此,降低企业周转材料费用消耗应该同时搞好这三个层次的管理。

限于企业的管理水平和各方面的条件,初步管理可在三者之间任选其一。但如果实行费用承包则必须同时实行实物量承包,否则费用承包易出现断层,出现"以包代管"的状况。

### (五)几种常用周转材料的管理

1.木模板的管理

木模板用于混凝土构件的成型,它可以拼成各种形状的模子,使浇灌的混凝土成为各种需要的形状。木模板是建筑企业常用的周转材料。

1)制作和发放

木模板一般采用统一配料、制作、发放的管理方法。现场需用木模板,事先提出计划需用量,由木工车间统一配料制作,发放给使用单位。

2)保管

木模板可以多次使用,使用中保管维护由使用单位负责,包括安装、拆卸、整理等工作。保管实行节约有奖、超耗受罚的经济责任制。

木模板的管理实行"四统一"、"四包"管理法。"四统一"管理法即统一管理、统一配料、统一制作、统一回收;无条件统一制作的也可"三统一"。"四包"即班组包制作、包安装、包拆除、包回收。

3)核算

木模板在使用过程中都会产生一定量的损耗,要按损耗程度计价核算。

(1)定额摊销法。

定额摊销法是按完成的混凝土实物工程量和定额摊销计价。用这种核算方法,一定要分清发放和回收的木模板的新旧成色,按新旧成色计价。

(2)租赁法。

租赁法是按木模板的材质、规格、成色等,分别制定租赁标准,使用单位租用期间按标准核算租赁费用,以此作为计价依据。

(3)五五摊销法。

五五摊销法即新木料制作的模板,第一次投入使用摊销原值的50%,余下的50%价值直到报废时再行摊销。

另外,还有原值摊销法、余额摊销法等。

2.组合钢模板的管理

组合钢模板是按模数制作原理设计、制作的钢制模板。主要优点有:质量轻、便于搬运、使用灵活、配备标准,便于拼装成各种模型,通用性强。组合钢模板主要由钢模板和配套件组成。其中,钢模板视其使用部位分为平面模板、转角模板、梁腿模板、搭接模板等。

组合钢模板使用周期长、磨损小,在管理和使用中通常采用租赁的方法。租赁一般要进

行以下工作:确定管理部门,一般集中在分公司一级;核定租赁标准,按日(旬、月)确定各种规格模板及配件的租赁费;确定使用中的责任,如使用者负责清理、整修、涂油、装箱等;制定奖惩办法。

租用模板应办理相应的手续,通常签订租用合同,见表5-52。

**表5-52  组合钢模板租用合同**

供应方:

租用方:

年　月　日

| 品种 | 规格 | 单位 | 数量 | 起用日期 | 停用日期 | 租用时间(d) | 租用单价(元/d) | 租用金额合计(元) | 备注 |
|------|------|------|------|----------|----------|------------|----------------|------------------|------|
|      |      |      |      |          |          |            |                |                  |      |
|      |      |      |      |          |          |            |                |                  |      |
|      |      |      |      |          |          |            |                |                  |      |
|      |      |      |      |          |          |            |                |                  |      |
|      |      |      |      |          |          |            |                |                  |      |

租方:　　　　　　经办人:　　　　　　　供方:　　　　　　经办人:

**注**:本合同一式　份,双方签字盖章后生效。

租赁标准,即租金应根据周转材料的市场价格变化及摊销要求测算,使之与工程周转材料费收入相适应。日租金计算公式为:

$$组合钢模板日租金 = \frac{月摊销费 + 管理费 + 包管费}{月度日历天数}$$

**3.脚手架的管理**

脚手架是建筑施工中不可缺少的重要的周转材料,脚手架的种类很多,主要有木脚手架、竹脚手架、钢管脚手架、门式脚手架、角钢脚手架、金属吊篮架等。其中,木脚手架和竹脚手架限于资源问题,以及绑扎工艺落后,现已较少使用,大量使用的是各种钢制脚手架。

钢制脚手架的磨损小、使用周期长,多数企业都采取租赁的管理方式(具体方法与钢模板类似)集中管理和发放,以提高利用率。

钢制脚手架使用中的保管工作十分重要,是保证其正常使用的先决条件。为防止生锈,钢管要定期刷漆,各种配件要经常清洗上油,以延长钢制脚手架的使用寿命。每使用一次,要清点维修,弯曲的钢管要矫正。拆卸时不允许高空抛摔,各种配件拆卸后要定量装箱,防止丢失。

## 二、工具的管理

### (一)工具的概念

工具是人们用以改变劳动对象的手段,是生产力要素中的重要组成部分。

由于工具能多次使用,在劳动生产中能长时间发挥作用,因此工具管理的实质是使用过程中的管理,是在保证生产适用的基础上延长使用寿命的管理。工具的管理是施工企业材料管理的组成部分,工具管理的好坏直接影响施工能否顺利进行,影响着劳动生产率和成本的高低。

## (二)工具的分类

建筑施工生产仍以手工操作为主,这就决定了施工工具不仅品种多,而且用量大。建筑企业的工具消耗,一般占工程造价的2%左右。因此,搞好工具管理,对提高企业经济效益也很重要。为了便于管理,可将工具进行以下分类。

**1. 按工具的价值和使用期限分类**

1)固定资产性工具

固定资产性工具,是指使用年限1年以上,单价在规定限额(一般为1 000元)以上的工具。如50 t以上的千斤顶、测量用的水准仪等。

2)低值易耗工具

低值易耗工具,是指使用期限及价值均低于固定资产标准的工具。如手电钻、灰槽、苫布、扳手、灰桶等。这类工具量大复杂,约占企业生产工具总价值的60%以上。

3)消耗性工具

消耗性工具,是指价值较低(一般单价在10元以下),使用寿命很短,重复使用次数很少且无回收价值的工具。如铅笔、扫帚、油刷、锹把、锯片等。

**2. 按使用范围分类**

1)专用工具

专用工具,是指为某种特殊需要或完成特定作业项目所使用的工具。如千斤扳手、量卡具,以及根据需要而自制或订购的非标准工具。

2)通用工具

通用工具,是指使用广泛的定型产品,如各类扳手、钳子等。

**3. 按使用方式和保管范围分类**

1)个人随手工具

个人随手工具,是指在施工生产中使用频繁,体积小、便于携带而交由个人保管的工具。如砖刀、抹子等。

2)班组共用工具

班组共用工具,是指在一定作业范围内为一个或多个施工班组所共同使用的工具。它包括两种情况:一是在班组内共同使用的工具,如胶轮车、水桶等;二是在班组之间或工种之间共同使用的工具,如水管、搅灰盘、磅秤等。

## (三)工具管理的内容

**1. 工具储存管理**

工具验收后入库,按品种、质量、规格、新旧和残废程度分开存放。同样工具不得分存两处,成套工具不得拆开存放,不同工具不得叠压存放。制定工具的维护保养技术规程,如防锈、防刃口碰伤、防易燃物品自燃、防雨淋和日晒等。对损坏的工具及时修复,延长工具使用寿命,使之处于随时可投入使用的状态。

**2. 工具发放管理**

按工具费定额发出的工具,要根据品种、规格、数量、金额和发出日期登记入账,以便考核班组执行工具费定额的情况。出租或临时借出的工具,要做好详细记录并办理有关租赁和借用手续,以便按期、按质、按量归还。坚持"交旧领新"、"交旧换新"和"修旧利废"等行之有效的制度,做好废旧工具的回收、修理工作。

3. 工具使用管理

根据不同工具的性能和特点,制定相应的工具使用技术规程和规则。监督、指导班组按照工具的用途和性能进行合理使用。

### (四)工具的管理方法

1. 工具租赁

工具租赁是在一定的期限内,工具的所有者在不改变所有权的条件下,有偿地向使用者提供工具的使用权,双方各自承担一定的义务,履行一定契约的一种经济关系。工具租赁的管理方法适合于除消耗性工具和实行工具费补贴的个人随手工具外的所有工具品种。企业对生产工具实行租赁的管理方法,需进行以下几步工作。

(1)建立正式的工具租赁机构,确定租赁工具的品种范围,制定有关规章制度,并设专人负责办理租赁业务。班组也应指定专人办理租用、退租及赔偿事宜。

(2)测算租赁单价。租赁单价可按照工具的日摊销费确定日租金额。计算公式如下:

$$某种工具的日租金(元) = \frac{该种工具的原值 + 采购、维修、管理费}{使用天数}$$

式中,采购、维修、管理费按工具原值的一定比例计数,一般为原值的 $1\% \sim 2\%$;使用天数可按本企业的历史水平计算。

(3)工具出租者和使用者签订租赁协议(或合同),协议的内容及格式见表5-53。

表 5-53　工具租赁合同

编号:

根据　　　　工程施工需要,租方向供方租用如下一批工具

| 名称 | 规格 | 单位 | 需用数 | 实租数 | 备注 |
|---|---|---|---|---|---|
|  |  |  |  |  |  |
|  |  |  |  |  |  |
|  |  |  |  |  |  |
|  |  |  |  |  |  |

租用时间:自　年　月　日起至　年　月　日止,租金标准、结算办法、有关责任事项均按工具租赁管理办法办理。

本合同一式　份(双方管理部门　份;财务部门　份),双方签字盖章生效、退租结算清楚后失效。

租用单位:　　　　　　　负责人:

供应单位:　　　　　　　负责人:

年　月　日

(4)根据租赁协议,租赁部门将出租工具的有关事项登入"工具租金结算明细表",见表5-54。

表 5-54　工具租金结算明细表

施工队：　　　　　　　　　　建设单位：　　　　　　　　单位工程名称：

| 工具名称 | 规格 | 单位 | 租用数量 | 计费时间 | | 计费天数 | 租金计算（元） | |
|---|---|---|---|---|---|---|---|---|
| | | | | 起 | 止 | | 每日 | 合计 |
| | | | | | | | | |
| | | | | | | | | |
| | | | | | | | | |
| | | | | | | | | |
| | | | | | | | | |
| 总计 | | | | | | | 万 仟 佰 拾 元 角 分 | |

租用单位：　　　　　　　　负责人：

贷方单位：　　　　　　　　负责人：

年　月　日

（5）租用期满后，租赁部门根据"工具租金结算明细表"填写"租金及赔偿结算单"，见表 5-55。如有发生工具的损坏、丢失，将丢失损坏金额一并填入该单"赔偿"栏内。结算单中合计金额应等于租赁费和赔偿费之和。

表 5-55　租金及赔偿结算单

合同编号：　　　　　　　　　　　　　　　　　　　　　　　　　编号：

| 工具名称 | 规格 | 单位 | 租赁 | | | 赔偿 | | | | | | 合计金额（元） |
|---|---|---|---|---|---|---|---|---|---|---|---|---|
| | | | 租用天数（d） | 日租金（元/d） | 租赁费（元） | 原值 | 损坏量 | 赔偿比例 | 丢失量 | 赔偿比例 | 赔偿费（元） | |
| | | | | | | | | | | | | |
| | | | | | | | | | | | | |
| | | | | | | | | | | | | |
| | | | | | | | | | | | | |
| | | | | | | | | | | | | |

（6）班组用于支付租金的费用来源是定包工具费收入与固定资产工具和大型低值工具的平均占用费。计算公式如下：

班组租赁费收入 = 定包工具费收入 + 固定资产工具和大型低值工具平均占用费

式中，固定资产工具和大型低值工具平均占用费 = 该种工具摊额 × 月利用率（%）。

班组所付租金，从班组租赁费收入中核减，财务部门查收后，作为班组工具费支出，计入工程成本。

2. 工具的定包管理方法

工具定包管理是生产工具定额管理、包干使用的简称，是指施工企业对其自有班组或个人使用的生产工具，按定额数量配给，由使用者包干使用，实行节奖超罚的管理方法。

工具定包管理,一般在瓦工组、抹灰工组、木工组、油工组、电焊工组、架子工组、水暖工组、电工组实行。实行定包管理的工具品种范围,可包括除固定资产工具及实行个人工具费补贴的随手工具外的所有工具。

班组工具定包管理是按各工种的工具消耗定额,对班组集体实行定包。实行班组工具定包管理,需进行以下几步工作。

(1)实行定包的工具,所有权属于企业。企业材料部门指定专人为材料定包员,专门负责工具定包的管理工作。

(2)测定各工种的工具费定额。

各工种的工具费定额的测定,由企业材料管理部门负责,分三步进行:

①在向有关人员调查的基础上,查阅不少于 2 年的班组使用工具资料。确定各工种所需工具的品种、规格、数量,并以此作为各工种的标准定包工具。

②分别确定各工种工具的使用年限和月摊销费。月摊销费的计算公式如下:

$$某种工具的月摊销费(元/月) = \frac{该种工具的单价(元)}{该种工具的使用期限(月)}$$

式中,工具的单价采用企业内部不变价格,以避免因市场价格的经常波动,而影响工具费定额;工具的使用期限,可根据本企业具体情况凭经验确定。

③分别测定各工种的日工具费定额,计算公式如下:

$$某工种人均日工具费定额(元/d) = \frac{该工种全部标准定包工具月摊销费总额}{该工种班组额定人数 \times 月工作日}$$

式中,班组额定人数是由企业劳动部门核定的某工种的标准人数;月工作日按每月 20.5 天计算。

(3)确定班组月度定包工具费收入,计算公式如下:

$$某工种班组月度定包工具费收入(元) = 班组月度实际作业工日(d) \times 该工种人均日工具费定额(元/d)$$

班组工具费收入可按季或按月以现金或转账的形式向班组发放,用于班组向企业使用定包工具的开支。

(4)企业基层材料部门根据不同工种、不同班组的工具使用标准确定工具的品种、规格、数量,向有关班组发放工具。班组根据工具使用标准足量领取,也可根据实际需要少领。自领用日起,按班组实领工具数量计算摊销,使用期满以旧换新后继续摊销。但使用期满能延长使用时间的工具,应停止摊销收费。凡因班组责任造成的工具丢失和因非正常使用造成的工具损坏,由班组承担损失。

(5)实行工具定包的班组需设立兼职工具员,负责保管工具,督促组内成员爱护工具和记载保管手册。

零星工具可按定额规定使用期限,由班组交给个人保管,丢失赔偿。

班组因生产需要调动工作,小型工具自行搬运,不报销任何费用或增加工时,班组确实无法携带需要运输车辆时,由行政出车运送。

企业应参照有关工具修理价格,结合本单位各工种实际情况,制定工具修理取费标准及班组定包工具修理费收入,这笔收入可计入班组月度定包工具费收入,统一发放。

(6)班组定包工具费的支出与结算工作分三步进行:

①根据"班组工具定包及结算台账"(见表5-56)按月计算班组定包工具费支出,计算公式如下:

$$某工种班组月度定包工具费支出 = \sum_{i=1}^{n}(第 i 种工具数 \times 该种工具的日摊销费) \times 班组月度实际作业天数$$

式中,某种工具的日摊销费 $= \dfrac{该种工具的月摊销费}{20.5 \ 天}$。

**表5-56　班组工具定包及结算台账**

班组名称:　　　　　　　　　　　　　　　　　　　　　　　　　　工种:

| 日期 | | 工具名称 | 规格 | 单位 | 领用数量 | 工具费定额(元) | 工具使用费(元) | | | | 盈(+)亏(-)金额(元) | 备注 |
|---|---|---|---|---|---|---|---|---|---|---|---|---|
| 月 | 日 | | | | | | 定包支出 | 租赁费 | 其他 | 合计 | | |
| | | | | | | | | | | | | |
| | | | | | | | | | | | | |
| | | | | | | | | | | | | |
| | | | | | | | | | | | | |

②按月或按季结算班组定包工具费收支额,计算公式如下:

$$某工种班组月度定包工具费收支额 = 该工种班组月度定包工具费收入 - 月度定包工具费支出 - 月度租赁费用 - 月度其他支出$$

其中,月度租赁费用若班组已用现金支付,则此项不计;月度其他支出包括应扣减的修理费和丢失损失费。

③根据工具费结算结果,填制"工具定包结算单",见表5-57。

**表5-57　工具定包结算单**

班组名称:　　　　　　　　　　　　　　　　　　　　　　　　　　工种:

| 月份 | 工具费收入(元) | 工具费支出(元) | | | | | 盈(+)亏(-)(元) | 奖罚金额(元) |
|---|---|---|---|---|---|---|---|---|
| | | 小计 | 定包支出 | 租赁费 | 赔偿费 | 其他 | | |
| | | | | | | | | |
| | | | | | | | | |
| | | | | | | | | |
| | | | | | | | | |

单位主管:　　　　制表人:　　　　财务:　　　　班组:　　　　　　结算日期:

(7)班组工具费结算若有盈余,为班组工具节约额。工具费盈余额可全部或按比例,作为工具节约奖,归班组所有;若有亏损,则由班组负担。企业可将各工种班组实际的定包工具费收入,作为企业的工具费开支,计入工程成本。

企业每年年终应对工具定包管理效果进行总结分析,找出影响因素,提出有针对性的处理意见。

### 3. 工具费津贴法

工具费津贴法,是指对于个人使用的随手工具,由个人自备,企业按实际作业的工日发给工具磨损费。这利于增强使用者的责任心,使其爱护自己的工具。

### 4. 临时借用法

对于定额包干以外的工具,可采用临时借用法。即需用时凭一定的手续借用,用完后归还。

### (五)劳动保护用品的管理

劳动保护用品,是指施工生产过程中为保护职工安全和健康必需的用品。包括措施性用品,如安全网、安全带、安全帽、防毒口罩、绝缘手套、电焊面罩等;个人劳动保护用品,如工作服、雨衣、雨靴、手套等。劳动保护用品应按各省市劳动条件和有关标准发放。

劳动保护用品的发放管理要求建立劳动保护用品领用手册;设置劳动保护用品临时领用牌;对损毁的措施性用品应填写报损报废单,注明损毁原因,连同残余物交回仓库。

劳动保护用品在核算上采取全额摊销、分次摊销或一次列销等形式。一次列销主要指单位价值很低、易耗的手套、肥皂、口罩等劳动保护用品。

# 小　结

本章介绍了仓储管理的业务流程;介绍了仓储账务管理及仓库盘点的内容、方法,给出了材料仓储管理常用的工作表格;介绍了材料的使用管理,材料领发的常用方法以及限额领料的方法;给出了材料使用管理常用工作表格的填写范例;介绍了周转材料管理特点、方法以及常用工具的管理方法。

# 习　题

1. 简述材料仓库位置选择的条件。
2. 简述 ABC 分类法的工作步骤。
3. 简述仓库盘点的方法。
4. 简述材料的领发步骤。
5. 简述限额领料的依据、形式、程序。
6. 材料使用监督的手段是什么?
7. 周转材料有哪些?
8. 周转材料管理的内容是什么?
9. 简述周转材料管理的方法。
10. 简述周转材料租赁、费用承包、实物量承包三者之间的关系。
11. 简述工具的种类。

# 第六章　危险源的安全管理和施工余料、废弃物的处置

【学习要求】

通过本章的学习,要求能够辨识现场危险源,了解其危害,熟悉危险品的安全管理责任制;掌握施工余料和施工废弃物的基本概念,了解施工余料和施工废弃物的产生渠道,熟悉施工余料和施工废弃物的处置与利用。

## 第一节　危险源的安全管理

具有易燃、易爆、腐蚀、有毒等性质或在生产、储运、使用中能引起人身伤亡、财产损毁的物品,均属危险品。

为了加强建设工程安全生产监督管理,保障人民群众生命和财产安全,保护环境,预防事故的发生,需根据《中华人民共和国建筑法》、《中华人民共和国安全生产法》、《危险化学品安全管理条例》等对危险品进行安全管理。

### 一、现场安全生产管理责任制

#### (一)项目经理对安全生产的管理职责

认真贯彻执行国家有关劳动保护法和制度,以及安全生产的规章制度和操作规程。

(1)认真贯彻"安全第一、预防为主"的方针,按规定搞好安全防范措施,把安全落到实处,在各种经济承包中必须包括安全生产,做到讲效益必须讲安全,抓生产首先必须抓安全。

(2)严格安全管理,认真组织落实施工组织设计(或施工方案)中的施工安全技术措施,建立统一规格的"五牌一图",现场有安全标志、色标、警示牌,做到文明施工。

(3)领导所属班组定期召开安全工作例会,对照建筑施工安全检查表,经常检查事故隐患,制定安全技术措施,确保施工全过程的安全生产。

(4)组织班组学习安全操作规程,并检查执行情况,对新工人必须进行安全教育,特别是劳动用工的管理和教育、工人遵章守纪和正确使用安全防范设施与防护用品的教育。

(5)督促指导班组严格按工艺规程和安全技术操作,制止违章指挥和冒险作业的行为。

(6)对安装的大型机械、电气设备(配合机管理员)等安全防护装置,必须有技术交底和验收手续,才能使用。

(7)对工地不安全隐患,由公司安全部门安全员发出隐患通知书,并通知限期整改。

(8)工地建立安全岗位责任制和防火措施,督促有关人员整理好施工安全各项技术资料。

#### (二)安全员的安全生产管理

(1)在项目经理部和安全保卫处的领导下,督促分公司职工认真贯彻执行国家颁布的安全法规及企业制定的安全规章制度,发现问题及时制止、纠正,及时向领导汇报。

(2)参加本单位承接工程的安全技术措施制定及向班组逐条进行安全技术交底验收,

并履行签字手续。

（3）深入现场每道工序，掌握安全重点部位的情况，检查各种防护措施，纠正违章指挥、冒险蛮干，执法要以理服人、坚持原则、秉公办事。

（4）参加分公司组织的定期安全检查，查出的问题要督促在限期内整改完成，发现危险及关乎职工生命安全的重大安全隐患，有权制止作业，组织职工撤离危险区域。

（5）发生工伤事故，要协助保护好现场，及时填表上报，认真参与工伤事故的调查，不隐瞒事故的情节，并向有关领导汇报情况。

**（三）施工现场防火管理**

（1）认真落实防火安全责任制，严格执行公安消防部门有关施工现场的防火制度。

（2）认真做好施工现场消防危险品的管控，按规定配备消防器材，设置消防水池。

（3）保持消防通道及疏散通道畅通。

（4）油漆间、木工棚及危险品仓库等易燃、易爆场所和规定的禁火区域严禁吸烟。

（5）严格执行动火审批制度。

（6）在工棚、宿舍内严禁擅自拉接电线，不准使用电炉、煤油炉、电热棒等非生产性电加热器具，灯泡功率必须低于100 W并不得用纸或布等可燃物罩住。

（7）在宿舍内不准躺在床上吸烟，不得乱扔烟头、火种。

（8）乙炔气瓶、氧气瓶等必须按规定放置，并有相应的设施和防护装置。

（9）保障工地生产、生活和消防给水，有足够的水压，保证其有效灭火距离能控制到施工现场的任何地方。

（10）爱护消防器材并掌握其使用方法，保证消防器材时刻处于有效的可用状态，发现火灾必须速打火警电话"119"，并积极进行灭火。

**（四）安全教育**

建立完善的安全教育制度：凡新吸收或调换的工人，上岗前必须进行安全教育，经考试合格后，方准上岗操作；特殊工种工人应参加主管部门举办的培训班，经考试合格后，持证上岗；要结合安全合同，每年进行一次安全技术知识理论考核，并建立考核成绩档案。

安全教育的主要内容有：

（1）贯彻党和国家关于安全施工的方针、政策、法令与规定。

（2）安全生产管理制度。

（3）机电及各种安全技术操作规程。

（4）施工生产中危险区域和安全工作中的经验教训以及预防措施。

（5）尘毒的危害和防护。

（6）执行三级教育制度。

## 二、现场危险源的辨识和危害

**（一）建筑工地危险源概述**

建筑工地危险源，可能造成的事故危害主要有高处坠落、坍塌、物体打击、起重伤害、触电、机械伤害、中毒窒息、火灾、爆炸和其他伤害等几种类型。

1. 建筑工地危险源的主要类型

建筑工地危险源主要有以下两类。

第一类危险源：施工所用危险化学品及压力容器。

第二类危险源：人的不安全行为，机械、工艺的不安全状态和不良环境条件是施工现场危险源。建筑工地绝大部分危险和有害因素属施工现场危险源。

2. 施工现场危险源

在施工现场，人的危险源主要是人的不安全行为，即"三违"：违章指挥、违章作业、违反劳动纪律，集中表现在施工现场经验不丰富、素质较低的人员当中。事故原因统计结果表明，70%以上的事故是由"三违"造成的，因此应严禁"三违"。

1）存在于分部、分项工艺过程、施工机械运行过程和物料的危险源

（1）脚手架、模板和支撑、起重塔吊，人工挖孔桩、基坑施工等局部结构工程失稳，造成机械设备倾覆、结构坍塌、人员伤亡等意外；

（2）施工高度大于 2 m 的作业面，因安全防护不到位、人员未配系安全带等造成人员踏空、滑倒等高处坠落摔伤或坠落物体打击下方人员等意外；

（3）焊接、金属切割、冲击钻孔、凿岩等施工，临时用电设备漏电，遇地下室积水及各种施工电器设备的安全保护（如漏电、绝缘、接地保护、一机一闸）不符合要求，造成人员触电、局部火灾等意外；

（4）工程材料、构件及设备的堆放与频繁吊运、搬运等过程中易发生堆放散落、高空坠落、撞击人员等意外。

2）存在于施工自然环境中的危险源

（1）人工挖孔桩、隧道掘进、地下市政工程接口、室内装修、挖掘机作业时损坏地下燃气管道等因通风排气不畅造成人员窒息或中毒意外。

（2）深基坑、隧道、大型管沟的施工，因支护、支撑等设施失稳、坍塌，造成施工场所破坏、人员伤亡。基坑开挖、人工挖孔桩等施工降水，造成周围建筑物因地基不均匀沉降而倾斜、开裂、倒塌等意外。

（3）海上施工作业由于受自然气象条件如台风、汛、雷电、风暴潮等侵袭易发生翻船人亡且群死群伤意外。

3. 临建设施重大危险源

（1）厨房与临建宿舍安全间距不符合要求，施工用易燃、易爆危险化学品临时存放或使用不符合要求、防护不到位，造成火灾或人员窒息中毒意外；工地饮食因卫生不符合标准，造成集体中毒或疾病意外。

（2）临时简易帐篷搭设不符合安全间距要求，易发生火灾蔓延的意外。

（3）电线私拉乱接，直接与金属结构或钢管接触，易发生触电及火灾等意外。

（4）临建设施撤除时，房顶发生整体坍塌，作业人员踏空、踩虚造成伤亡意外。

**（二）建筑工地重大危险源的辨识与主要危害**

根据国务院《建设工程安全生产管理条例》的相关规定、参照现行《重大危险源辨识》的有关原理，进行建筑工地重大危险源的辨识。

施工现场危险源的辨识与危害见表6-1(扫二维码6-1查看)。

**（三）建筑工地危险源整治措施**

对危险和有害因素的辨识应从人、料、机、工艺、环境等角度入手，动态分析、识别评价可能存在的危险有害因素的种类和危险程度，从而找到整改措施来加以治理。

二维码6-1

1. 安全管理措施

（1）建立建筑工地重大危险源的公示和跟踪整改制度。加强现场巡视，对可能影响安全生产的重大危险源进行辨识，并进行登记，掌握重大危险源的数量和分布状况，经常性地公示重大危险源名录、整改措施及治理情况。

（2）对人的不安全行为，要严禁"三违"，加强教育，搞好传、帮、带，加强现场巡视，严格检查。

（3）淘汰落后的技术、工艺，适当提高工程施工安全设防标准，从而提升施工安全技术与管理水平，降低施工安全风险。如过街人行通道、大型地下管沟可采用顶管技术等。

（4）制定和实行施工现场大型施工机械安装、运行、拆卸和外架工程安装的检验检测、维护保养、验收制度。

（5）对不良自然环境条件中的危险源要制订有针对性的应急预案，并选择适当时机进行演练，做到人人心中有数，遇到情况不慌不乱，从容应对。

（6）制定和实施项目施工安全承诺与现场安全管理绩效考评制度，确保安全投入，形成施工安全长效机制。

2. 安全技术措施

（1）按规定使用"三宝"（安全帽、安全带、安全网）。

（2）机械设备防护装置一定要齐全有效。

（3）吊车、铲车等起重设备必须有限位装置，不准带病运转，不准超负荷作业，不准在运转中维修保养。

（4）架设电线，线路必须符合当地电业局的规定，电气设备全部接地、接零。

（5）电动机械和电动手持工具要设漏电开关装置。

（6）脚手架材料及脚手架的搭设必须符合规程要求。

（7）各种缆绳及其设备必须符合规程要求。

（8）在建工程的楼梯口、电梯口、预留洞口、通道口，必须有防护措施。

（9）严禁穿高跟鞋、拖鞋、赤脚进入施工现场。高空作业不准穿硬底鞋和带钉易滑的鞋靴。

（10）施工现场的悬崖、陡坎等危险地区应有警戒标志，夜间要有红灯示警。

3. 安全生产纪律

（1）进入施工现场，必须遵守安全生产规章制度。

（2）进入施工区内，必须戴安全帽。

（3）操作前不准喝酒。

（4）现场内不准赤脚，不准穿拖鞋、高跟鞋、喇叭裤。

（5）高空作业严禁穿皮鞋和带钉易滑鞋。

（6）非有关操作人员不准进入危险区内。

（7）未经施工负责人批准,不准任意拆除安全装置。

（8）不准带小孩进入施工现场。

（9）不准在施工现场打闹。

（10）不准从高处向下抛掷任何物资材料。

4. 消防管理

应当严格按照《中华人民共和国消防法》的规定,在施工现场建立和执行消防管理制度,现场必须安排消防车出入口和消防道路、紧急疏散通道等,并应有明显标志或指示牌。有高度限制的地点应有限高标志。

设置符合要求的消防设施,并保持其良好的备用状态。在容易发生火灾的地区施工或储存、使用易燃、易爆物品时,施工单位应采取特殊的消防安全措施。

在城市中施工,还应注意在并排的高层建筑中,由于狭管效应而造成的风速加大(高楼强风)。高楼强风有利于火势的蔓延扩大,增加了灭火难度,是防火不容忽视的不利因素。

施工现场消防管理还应注意现场的主导风向。在安排疏散通道时,以安排在上风口为宜。

建筑施工所造成的火灾因素包括明火作业、吸烟、不按规定使用电热器具等。现场严禁吸烟,必要时可设吸烟室。进行电焊作业时应注意电焊火星能落入木脚手板缝中逐渐蔓延,其起火延时很长,往往不易发现。因此,在电焊工作时要在其下面设有专人熄灭火星。

室外消防道路的宽度不得小于 3.5 m,消防车道不能环行的,应在适当地点修建车辆回转场地。

施工现场进水干管直径不应小于 100 mm。现场消火栓的位置应在施工总平面图中作规划。消火栓处昼夜要设有明显标志,配备足够的水龙带,其周围 3 m 内不准存放任何物品。高度超过 24 m 的工程应设置消防竖管,管径不得小于 65 mm,并随楼层的升高每隔一层设一处消火栓口,配备水龙带。消防竖管位置应在施工立体组织设计中确定。

施工现场必须设有保证施工安全要求的夜间及施工必需的照明。高层建筑应设置楼梯照明和应急照明。

5. 保安管理

保安管理的目的是做好施工现场安全保卫工作,采取必要的防盗措施,防止无关人员进入和防止不良行为。现场应设立门卫,根据需要设置流动警卫。非施工人员不得擅自进入施工现场。由于施工现场人员众多,入口处设置进场登记的方法很难达到控制无关人员进入施工现场的目的。因此,提倡采用施工现场工作人员佩戴证明其身份的证卡,并以不同的证卡标志不同工种的人员。有条件时,可采用进退场人员磁卡管理。

保安工作贯穿从施工进驻现场开始直至撤离现场。其中,施工进入装修阶段时,施工现场工作单位多,人员多,使用材料易燃性强,保安管理应担负着防火、保安和半成品保护等责任。

## 三、危险品的储存管理、发放

### （一）危险品储存的相关规定

危险品的储存必须符合下列规定:

（1）危险品专用仓库应当符合国家标准对安全、消防的要求,设置明显标志;危险化学品专用仓库的储存设备和安全设施应当定期检测;储存剧毒物品的装置每年进行一次安全评价;储存其他危险品的装置每两年进行一次安全评价,安全评价由设备、安全部门牵头进行,并备案上报有关管理部门;仓库的周边防护距离符合国家标准或者国家有关规定。

（2）有符合储存需要的管理人员和技术人员。

（3）有健全的安全管理制度。

（4）符合法律、法规规定和国家标准要求的其他条件。

（5）处置废弃危险品,依照《固体废物污染环境防治法》和国家有关规定执行。

（6）危险品储存方式、方法与储存数量必须符合国家标准,并由专人管理。储存、使用场所应设置通信报警装置,保证在任何情况下能正常运行。严防被盗、丢失、误用。若发生上述情况,必须立即向安全保卫部门报告。

（7）危险品出入库,必须进行核查登记。库存危险化学品应当定期检查。

（8）剧毒化学品和储存数量构成重大危险源的其他危险化学品必须在专用仓库内单独存放,实行双人收发、双人保管的制度。

（9）必须加强管理,建立健全岗位防火责任制度,火源、电源管理制度,门卫制度,值班巡回制度和各项操作制度。做好防火、防洪（汛）、防盗等工作。

**（二）危险品的储存和使用**

（1）必须按危险品的性质和储运要求,严格执行危险品的配装规定,对不能配装的危险品,必须严格按以下要求进行隔离。

①放射性物品、剧毒物品不能与其他危险品同存一库。

②炸药不能与起爆器材同存一库。

③氧化剂或具有氧化性的酸不能与易燃物品同存一库。

④盛装性质相抵触气体的气瓶不可同存一库。

⑤危险品与普通物品同存一库时,应保持一定距离。

⑥遇水燃烧、易燃、自燃及液化气体等危险品不可在低洼仓库或露天场地堆放。

（2）放置废弃物的容器或堆放场地要有明显标志,并对放置有可能产生二次污染的危险品或废弃物的容器加盖,防止因风、雨、热等天气引起的对环境的再次污染。

（3）放置危险化学品的废弃物包装物要有回收特别标志。堆放区注明"危险废弃物",防止泄漏、蒸发和预防与其他废弃物相混淆。

（4）根据危险化学品的种类、特性,在车间、库房等作业场所设置相应的监测、通风、防晒、调温、防火、灭火、防爆、泄压、防毒、消毒、中和、防潮、防雷、防静电、防腐、防渗漏、防护围堤或者隔离操作等安全设施、设备,并按照国家标准和有关规定进行维护、保养,保证符合安全运行要求。

（5）危险品的储存、使用必须建立相应的台账,保证账物相符。剧毒物品须注明用途。

**（三）危险品的运输**

危险品的运输必须遵守国家交通部《道路危险货物运输管理规定》、《汽车危险货物运输规则》和交通行业标准《汽车运输、装卸危险货物作业规程》（JT 618—2004）的规定。危险品运输的相关规定如下。

（1）直接从事道路危险货物运输、装卸、维修和业务管理的人员,必须掌握危险货物运输的有关知识,经当地县（市）级以上道路运证管理机关考核合格,发给《危险货物运输操作证》,方可上岗作业。危险品的装卸作业必须在装卸管理人员的现场指挥下进行。

（2）运输危险化学品的驾驶员、装卸人员和押运人员必须了解所运载的危险化学品的性质、危害特性、包装容器的使用特性和发生意外时的应急措施。运输危险化学品，必须配备必要的应急处理器材和防护用品。

（3）运输危险品的槽罐以及其他容器必须封口严密，能够承受正常运输条件下产生的内部和外部压力，保证危险化学品在运输中不因温度、湿度或者压力的变化而发生任何渗漏。

（4）剧毒化学品在公路运输途中发生被盗、丢失、流散、泄漏等情况时，驾驶员、提货员及押运员必须立即向当地公安部门报告，并采取一切可能的警示措施。

（5）危险品运输时必须做到：

①必须对运货单提供的资料予以查对核实，必要时到货物现场和运输线路上进行实地勘察。

②运输易爆炸物品、剧毒物品、放射性物品及需控温的有机过氧化物、使用受压容器罐（槽）运输烈性危险品，以及危险货物月运输量超过 100 t，均应于起运前 10 天，向当地道路运政管理机关报送危险货物运输计划，包括货物品名、数量、运输路线、运输日期等。

③在装运危险货物时，要按《汽车危险货物运输规则》规定的包装要求，进行严格检查。凡不符合规定要求，不得装运。危险货物性质或灭火方法相抵触的货物严禁混装。

④运输危险货物的车辆严禁搭乘无关人员，运行中司乘人员严禁吸烟，停车时不准靠近明火和高温场所。

⑤运输结束时，必须清扫车辆，消除污染。

⑥凡装运危险品的车辆，必须按照国家标准悬挂规定的标志和标志灯。

⑦运输危险品时，必须配备押运人员，并随时处于押运人员的监管之下，不得超装、超载，不得进入危险品运输车辆禁止通行的区域；确需进入禁止通行区域的，应当事先向当地公安部门报告，由公安部门为其指定行车时间和路线，运输车辆必须遵守公安部门规定的行车时间和路线。

危险品运输车辆禁止通行区域，由设区的市级人民政府公安部门划定，并设置明显的标志。运输危险品途中需要停车住宿或者遇有无法正常运输的情况时，应当向当地公安部门报告。

## 第二节　施工余料和施工废弃物的处置与利用

一、施工余料和施工废弃物的基本概念、分类

**（一）施工余料**

施工余料是施工生产剩余的原材料、辅助材料，包括边角料、包装材料等。可分为有可用价值和无可用价值两种余料。

**（二）施工废弃物**

施工废弃物是施工活动中产生的固态、半固态废弃物质，即在施工生产中无可用价值的余料。

施工废弃物按照其化学组成可以分为有机废物和无机废物，按照其对环境和人类健康

的危害程度可以分为一般废物和危险废物。

## 二、施工余料和施工废弃物的产生

### （一）施工过程中产生的施工余料和施工废弃物

施工余料和施工废弃物主要来自施工中产生的建筑垃圾、边角余料和废弃包装箱、机械修理产生的废弃零件、含油物品的丢弃，生活区和办公区产生的生活垃圾。建设工程施工工地上主要的施工余料和施工废弃物有如下几种：

（1）建筑渣土：包括砖瓦、碎石、渣土、混凝土碎块、废钢铁、碎玻璃、废屑、废弃装饰材料等；

（2）废弃的散装大宗建筑材料：包括水泥、石灰等；

（3）生活垃圾：包括炊厨废物、丢弃食品、废纸、生活用具、玻璃、陶瓷碎片、废电池、废日用品、废塑料制品、煤灰渣、废交通工具等；

（4）设备、材料等的包装材料；

（5）粪便。

在施工现场中，不同结构类型建筑物所产生的建筑施工余料和施工废弃物各种成分的含量有所不同，但其主要成分是一致的，主要有散落的砂浆和混凝土、剔凿产生的砖石和混凝土碎块、打桩截下的钢筋混凝土桩头、废金属料、竹木材、各种包装材料，约占建筑施工余料和施工废弃物总量的80%；其他类型的施工余料和施工废弃物约占总量的20%，表6-2中列出了不同结构形式的建筑工地中建筑施工垃圾组成比例。

表6-2　不同结构形式的建筑工地中建筑施工垃圾组成比例　（单位：%）

| 垃圾成分 | 建筑施工垃圾组成比例 | | |
| --- | --- | --- | --- |
| | 砖混结构 | 框架结构 | 框剪结构 |
| 碎砖（砌块） | 30～50 | 15～30 | 10～20 |
| 砂浆 | 8～15 | 10～20 | 10～20 |
| 混凝土 | 8～15 | 15～30 | 15～35 |
| 桩头 | — | 8～15 | 8～20 |
| 包装材料 | 5～15 | 5～20 | 10～20 |
| 屋面材料 | 2～5 | 2～5 | 2～5 |
| 钢材 | 1～5 | 2～8 | 2～8 |
| 木材 | 1～5 | 1～5 | 1～5 |
| 其他 | 10～20 | 10～20 | 10～20 |
| 合计 | 100 | 100 | 100 |
| 产生量（kg/m²） | 50～200 | 40～150 | 40～150 |

### （二）旧建筑物拆除产生的施工余料和施工废弃物

旧建筑物拆除产生的施工余料和施工废弃物相对于建筑施工，单位面积产生的施工余料和施工废弃物量更大，旧建筑物拆除产生的施工余料和施工废弃物的组成与建筑物的结构有关：砖混结构建筑中，砖块、瓦砾约占80%，其余为木料、碎玻璃、石灰、渣土等，现阶段拆除的旧建筑物多属砖混结构的民居；框架、剪力墙结构的建筑中，混凝土块占50%～

60%,其余为金属、砖块、砌块、塑料制品等,旧工业厂房、楼宇建筑是此类建筑的代表。随着时间的推移,建筑水平的提高,旧建筑物拆除产生的施工余料和施工废弃物的组成会发生变化,主要成分从砖块、瓦砾向混凝土块转变。施工和拆除过程中建筑垃圾组成比例见表6-3。

表6-3　施工和拆除过程中建筑垃圾组成比例　　　　　　　（单位:%）

| 建筑垃圾成分 | 垃圾组成比例 | |
| --- | --- | --- |
| | 施工过程 | 拆除过程 |
| 混凝土碎末 | 19.89 | 9.27 |
| 钢筋混凝土 | 33.11 | 8.25 |
| 块状混凝土 | 1.11 | 0.9 |
| 泥土、灰尘 | 11.91 | 30.56 |
| 石块、碎石 | 11.78 | 23.78 |
| 沥青 | 1.61 | 0.13 |
| 砖 | 6.33 | 5 |
| 竹、木料 | 7.46 | 10.83 |
| 玻璃 | 0.2 | 0.56 |
| 砂子 | 1.44 | 1.7 |
| 金属 | 3.41 | 4.36 |
| 其他 | 1.75 | 4.66 |
| 总计 | 100 | 100 |

### 三、施工余料的处置

施工余料的处置一般应在工程结束后的收尾期间进行,也可按月、季度定期进行处置。

物资部门负责施工余料的回收,技术部门参与确认废料在施工生产中是否可再利用。材料使用者必须退交施工余料,对拒交、故意抛撒、毁坏、掩埋材料者,由所在单位负责追究相关人员的责任。变卖处理施工余料必须按规定进行请示,严禁先斩后奏、化整为零。具体处置办法如下。

对有条件转场使用的施工余料必须转场使用,转场时按内部调拨办理,必要时可由上级物资主管部门进行协调。

没有条件转场时可以按以下方法处理:

(1)与供货商协商,由供货商进行回收。

(2)变卖处理。

由项目部物资部门向上级主管部门书面请示,经上级主管部门批准后进行处理,所得收入必须按财务规定入账。处理的施工余料批量在10 t以上时,须向上级公司主管经理请示报告,上级公司主管经理批准后才能处理。处理须在上级公司物资部门、财务审计部门、纪检部门有关人员共同监督下进行。

(3)回收利用。

①建筑垃圾中的砖、瓦经清理可重复使用,废砖、瓦、混凝土经破碎筛分分级、清洗后作为再生骨料配制低标号再生骨料混凝土,用于地基加固、道路工程垫层、室内地坪及地坪垫层和非承重混凝土空心砌块、混凝土空心隔墙板、蒸压粉煤灰砖等的生产。

②再生骨料组分中含有相当数量的水泥砂浆,可采用现代工艺手段分离,再次使用。

③建设工程中的废木材,除作为模板和建筑用材再利用外,还可破碎成碎屑作为造纸原料或燃料使用,或用于制造中密度纤维板。

④废金属、钢料等经分拣后送钢铁厂或有色金属冶炼厂回炼。

⑤废玻璃分拣后送玻璃厂或微晶玻璃厂做生产原料。

⑥废油毡填埋处理。

⑦基坑土及边坡土送烧结砖厂生产烧结砖。

⑧碎石经破碎、筛分、清洗后做混凝土骨料。

施工余料的再生利用办法见表6-4。

## 四、施工废弃物的处置

施工废弃物应遵循减量化、资源化、无害化的处理原则,对施工废弃物产生的全过程进行控制。有单位回收的,进行变卖处理;没有单位回收的,按废弃物进行处理。

变卖处理施工废弃物,由项目部物资部门向上级物资主管部门提出申请,批准后组织实施,变卖处理施工废弃物所得收入必须按公司财务规定入账。处理完毕后,应将处理结果上报上级物资、财务、审计和纪委等相关部门各一份备案。

### (一)减量化处理

减量化处理是指对已经产生的施工废弃物进行分选、破碎、压实浓缩、脱水等处理,减少其最终处置量,降低处理成本,减少对环境的污染。主要采取以下方法实现施工废弃物的减量。

表6-4 施工余料的再生利用方法

| 施工余料成分 | 再生利用方法 |
| --- | --- |
| 开挖泥土 | 堆山造景、回填、绿化用 |
| 碎砖瓦 | 砌块、墙体材料、路基垫层 |
| 混凝土块 | 再生混凝土骨料、路基垫层、碎石桩、行道砖、砌块 |
| 砂浆 | 砌块、填料 |
| 钢材 | 再次使用、回炉 |
| 木材、纸板 | 复合板材、燃烧发电 |
| 塑料 | 粉碎、热分解、填埋 |
| 沥青 | 再生沥青混凝土 |
| 玻璃 | 高温熔化、路基垫层 |
| 其他 | 填埋 |

(1)加强建筑施工的组织和管理工作,提高建筑施工管理水平,减少因施工质量造成返工,而使建筑材料浪费及施工废弃物的大量产生。加强施工现场管理,做好施工中的每一个环节,提高施工质量,可以有效地减少施工废弃物的产生。在工地产生的施工废弃物中,因建筑施工质量返工引起的施工废弃物比例较大。施工技术人员应该尽可能地应用总结出来的办法,把施工质量搞好。

（2）加强施工现场施工人员的环保意识。施工现场上的许多施工废弃物，如果施工人员注意，就可以大大减少它的产生量，例如落地灰、多余的砂浆、混凝土、三分头砖等，在施工中做到工完场清，多余材料及时回收再利用，不仅利于环境保护，还可以减少材料浪费，节约费用。

（3）推广新的施工技术，避免建筑材料在运输、储存、安装时的损伤和破坏所产生的施工废弃物；提高结构的施工精度，避免凿除或修补而产生的施工废弃物。

（4）优化建筑设计。建筑设计方案中要考虑的问题有：建筑物应有较长的使用寿命；采用可以少产生建筑垃圾的结构设计；选用少产生建筑垃圾的建材和再生建材；将来建筑物维修和改造时便于进行，且建筑垃圾较少；将来拆除建筑物时建筑材料和构件的再生问题。

### （二）焚烧

焚烧用于不适合再利用且不宜直接予以填埋处置的废物。除有符合规定的装置外，不得在施工现场熔化沥青和焚烧油毡、油漆，也不得焚烧其他可产生有毒、有害和恶臭气体的废弃物。垃圾焚烧处理应使用符合环境要求的处理装置，避免对大气的二次污染。

### （三）稳定和固化

利用水泥、沥青等胶结材料，将松散的废弃物胶结包裹起来，减少有害物质从废弃物中向外迁移、扩散，使废弃物对环境的污染减少。

### （四）填埋

填埋是把固体废弃物经过无害化、减量化处理的废物残渣集中到填埋场进行处置。禁止将有毒、有害废弃物现场填埋，填埋场应利用天然或人工屏障，尽量使需处置的废弃物与环境隔离，并注意废弃物的稳定性和长期的安全性。

## 五、施工余料和废料的报告和记录

填写"余料/废料处理申报单"，样式见表6-5。

表6-5　余料/废料处理申报单

呈报单位：＿＿＿＿＿＿＿＿　　　　　年　　月　　日　　　　　　　　　编号：

| 申报内容及申报单位意见 | 申报处理余料/废料＿＿＿＿＿＿吨，预计金额＿＿＿＿＿＿元，明细如下： | | | | |
| --- | --- | --- | --- | --- | --- |
| | 申报单位(公章) | 主管领导 | 技术部门 | 财务部门 | 物资部门 |
| | | | | | |

| 批复意见 | 上级物资主管部门意见 | 主管经理意见 |
|---|---|---|
|  |  |  |

注:施工余料、施工废弃物分别申报,施工余料须申报明细,表格填写不下可另加附页。

# 小　结

　　本章主要介绍了现场危险源的辨识和危害,危险品的安全管理和整治措施;介绍了危险品储存、运输和使用中应该注意的事项及其相关规定;介绍了施工余料和施工废弃物的基本概念,以及施工余料和施工废弃物的处置。

# 习　题

1. 建筑工地有哪些危险源?
2. 建筑工地危险源整治措施如何?
3. 现场危险品在储存时应注意哪些问题?
4. 危险品运输的相关规定如何?
5. 什么是施工余料?什么是施工废弃物?
6. 对施工余料和施工废弃物的处置方法有哪些?

# 第七章　建筑材料的核算

【学习目标】

　　通过本章的学习,要求了解工程费用的组成,熟悉工程材料成本的核算,掌握建筑周转材料的租赁及成本核算。

# 第一节　工程费用及成本核算

## 一、工程费用的组成

建筑安装工程造价由直接费、间接费、利润和税金组成。

### (一)直接费

直接费由直接工程费和措施费组成。

1. 直接工程费

直接工程费是指施工过程中耗费的构成工程实体的各项费用,包括人工费、材料费、施工机械使用费。

1)人工费

人工费是指直接从事建筑安装工程施工的生产工人开支的各项费用,包括基本工资、工资性补贴、生产工人辅助工资、职工福利费、生产工人劳动保护费等。

　　(1)基本工资:是指发放给生产工人的基本工资。

　　(2)工资性补贴:是指按规定标准发放的物价补贴,煤、燃气补贴,交通补贴,住房补贴,流动施工津贴等。

　　(3)生产工人辅助工资:是指生产工人年有效施工天数以外非作业天数的工资,包括职工学习、培训期间的工资,调动工作、探亲、休假期间的工资,因气候影响的停工工资,女工哺乳时间的工资,病假在 6 个月以内的工资及产、婚、丧假期的工资。

　　(4)职工福利费:是指按规定标准计提的职工福利费。

　　(5)生产工人劳动保护费:是指按规定标准发放的劳动保护用品的购置费及修理费、徒工服装补贴、防暑降温费、在有碍身体健康环境中施工的保健费用等。

2)材料费

材料费是指施工过程中耗费的构成工程实体的原材料、辅助材料、构配件、零件、半成品的费用,包括材料原价、材料运杂费、运输损耗费、采购及保管费、检验试验费。

　　(1)材料原价(或供应价格)。

　　(2)材料运杂费:是指材料自来源地运至工地仓库或指定堆放地点所发生的全部费用。

　　(3)运输损耗费:是指材料在运输装卸过程中不可避免的损耗。

　　(4)采购及保管费:是指为组织采购、供应和保管材料过程中所需要的各项费用。包括采购费、仓储费、工地保管费、仓储损耗。

（5）检验试验费：是指对建筑材料、构件和建筑安装物进行一般鉴定、检查所发生的费用，包括自设试验室进行试验所耗用的材料和化学药品等费用。不包括新结构、新材料的试验费和建设单位对具有出厂合格证明的材料进行检验，对构件做破坏性试验及其他特殊要求检验试验的费用。

3）施工机械使用费

施工机械使用费是指施工机械作业所发生的机械使用费以及机械安拆费和场外运费。施工机械台班单价应由下列7项费用组成。

（1）折旧费：指施工机械在规定的使用年限内，陆续收回其原值及购置资金的时间价值。

（2）大修理费：指施工机械按规定的大修理间隔台班进行必要的大修理，以恢复其正常功能所需的费用。

（3）经常修理费：指施工机械除大修理外的各级保养和临时故障排除所需的费用。包括为保障机械正常运转所需替换设备与随机配备工具附具的摊销和维护费用，机械运转中日常保养所需润滑与擦拭的材料费用及机械停滞期间的维护和保养费用等。

（4）安拆费及场外运费：安拆费是指施工机械在现场进行安装与拆卸所需的人工、材料、机械和试运转费用以及机械辅助设施的折旧、搭设、拆除等费用；场外运费是指施工机械整体或分体自停放地点运至施工现场或由一施工地点运至另一施工地点的运输、装卸、辅助材料及架线等费用。

（5）人工费：是指机上司机（司炉）和其他操作人员的工作日人工费及上述人员在施工机械规定的年工作台班以外的人工费。

（6）燃料动力费：是指施工机械在运转作业中所消耗的固体燃料（煤、木柴）、液体燃料（汽油、柴油）及水、电等。

（7）养路费及车船使用税：是指施工机械按照国家规定和有关部门规定应缴纳的养路费、车船使用税、保险费及年检费等。

2. 措施费

措施费是指为完成工程项目施工，发生于该工程施工前和施工过程中非工程实体项目的费用。措施费包括以下内容：

（1）环境保护费：是指施工现场为达到环保部门要求所需要的各项费用。

（2）文明施工费：是指施工现场文明施工所需要的各项费用。

（3）安全施工费：是指施工现场安全施工所需要的各项费用。

（4）临时设施费：是指施工企业为进行建筑工程施工所必须搭设的生活和生产用的临时建筑物、构筑物及其他临时设施费用等。

临时设施包括临时宿舍、文化福利及公用事业房屋与构筑物，仓库、办公室、加工厂以及规定范围内道路、水电、管线等临时设施和小型临时设施。

临时设施费用包括临时设施的搭设、维修、拆除费或摊销费。

（5）夜间施工费：是指因夜间施工所发生的夜班补助费、夜间施工降效、夜间施工照明设备摊销及照明用电等费用。

（6）二次搬运费：是指因施工场地狭小等特殊情况而发生的二次搬运费用。

（7）大型机械设备进出场及安拆费：是指机械整体或分体自停放场地运至施工现场或

由一个施工地点运至另一个施工地点,所发生的机械进出场运输及转移费用,机械在施工现场进行安装、拆卸所需的人工费、材料费、机械费、试运转费和安装所需的辅助设施的费用。

（8）混凝土、钢筋混凝土模板及支架费:是指混凝土施工过程中需要的各种钢模板、木模板、支架等的支、拆、运输费用,以及模板、支架的摊销(或租赁)费用。

（9）脚手架费:是指施工需要的各种脚手架搭、拆、运输费用及脚手架的摊销(或租赁)费用。

（10）已完工程及设备保护费:是指竣工验收前,对已完工程及设备进行保护所需费用。

（11）施工排水、降水费:是指为确保工程在正常条件下施工,采取各种排水、降水措施所发生的各种费用。

**（二）间接费**

间接费由规费、企业管理费组成。

1.规费

规费是指政府和有关权力部门规定必须缴纳的费用,包括以下5项费用:

（1）工程排污费:是指施工现场按规定缴纳的排污费。

（2）工程定额测定费:是指按规定支付工程造价(定额)管理部门的定额测定费。

（3）社会保障费:包括①养老保险费:是指企业按规定标准为职工缴纳的基本养老保险费;②失业保险费:是指企业按照国家规定标准为职工缴纳的失业保险费;③医疗保险费:是指企业按照规定标准为职工缴纳的基本医疗保险费。

（4）住房公积金:是指企业按规定标准为职工缴纳的住房公积金。

（5）危险作业意外伤害保险:是指按照建筑法规定,企业为从事危险作业的建筑安装施工人员支付的意外伤害保险费。

2.企业管理费

企业管理费是指建筑安装企业组织施工生产和经营管理所需费用,包括以下内容:

（1）管理人员工资:是指管理人员的基本工资、工资性补贴、职工福利费、劳动保护费等。

（2）办公费:是指企业管理办公用的文具、纸张、账表、印刷、邮电、书报、会议、水电、烧水和集体取暖(包括现场临时宿舍取暖)用煤等费用。

（3）差旅交通费:是指职工因公出差、调动工作的差旅费、住勤补助费,市内交通费和误餐补助费,职工探亲路费,劳动力招募费,职工离退休、退职一次性路费,工伤人员就医路费,工地转移费,以及管理部门使用的交通工具的油料、燃料、养路费及牌照费。

（4）固定资产使用费:是指管理和试验部门及附属生产单位使用的属于固定资产的房屋、设备仪器等的折旧、大修、维修或租赁费。

（5）工具用具使用费:是指管理使用的不属于固定资产的生产工具、器具、家具、交通工具和检验、试验、测绘、消防用具等的购置、维修和摊销费。

（6）劳动保险费:是指由企业支付离退休职工的易地安家补助费、职工退职金、6个月以上的病假人员工资、职工死亡丧葬补助费、抚恤费、按规定支付给离休干部的各项经费。

（7）工会经费:是指企业按职工工资总额计提的工会经费。

（8）职工教育经费:是指企业为职工学习先进技术和提高文化水平,按职工工资总额计提的费用。

（9）财产保险费：是指施工管理用财产、车辆保险。

（10）财务费：是指企业为筹集资金而发生的各种费用。

（11）税金：是指企业按规定缴纳的房产税、车船使用税、土地使用税、印花税等。

（12）其他费用：包括技术转让费、技术开发费、业务招待费、绿化费、广告费、公证费、法律顾问费、审计费、咨询费等。

### （三）利润

利润是指施工企业完成所承包工程获得的盈利。

### （四）税金

税金是指国家税法规定的应计入建筑安装工程造价内的营业税、城市维护建设税及教育费附加等。

## 二、工程成本的分析

### （一）成本分析的基本方法

1. 比较法

比较法又称"指标对比分析法"，就是通过技术经济指标的对比，检查计划的完成情况，分析产生差异的原因，进而挖掘内部潜力的方法。比较法具有通俗易懂、简单易行、便于掌握的特点，因而得到了广泛的应用，但在应用时必须注意各技术经济指标的可比性。

比较法的应用，通常有下列形式：

（1）实际指标与计划指标对比，以检查计划的完成情况，分析完成计划的积极因素和影响计划完成的原因，以便及时采取措施，保证成本目标的实现。在进行实际与计划对比时，还应注意计划本身的质量。如果计划本身出现质量问题，则应调整计划，重新正确评价实际工作的成绩，以免挫伤人的积极性。

（2）本期实际指标与上期实际指标对比。通过这种对比，可以看出各项技术经济指标的动态情况，反映施工项目管理水平的提高程度。在一般情况下，一个技术经济指标只能代表施工项目管理的一个侧面，只有成本指标才是施工项目管理水平的综合反映。因此，成本指标的对比分析尤为重要，一定要真实可靠，而且要有深度。

（3）与本行业平均水平、先进水平对比。通过这种对比，可以看出本项目的技术管理和经济管理水平与其他项目的平均水平和先进水平的差距，进而采取措施赶超先进水平。

2. 因素分析法

因素分析法又称连锁置换法或连环替代法，可用来分析各种因素对成本形成的影响程度。在进行分析时，首先要假定众多因素中的一个因素发生了变化，而其他因素则不变，然后逐个替换，并分别比较其计算结果，以确定各个因素的变化对成本的影响程度。

因素分析法的分析步骤如下：

（1）确定分析对象（即所分析的技术经济指标），并计算出实际与计划的差异；

（2）确定该指标是由哪几个因素组成的，并按其相互关系进行排序；

（3）以计划预算数为基础，将各因素的计划预算数相乘，作为分析替代的基数；

（4）将各个因素的实际数按照上面的排列顺序进行替换计算，并将替换后的实际数保留下来；

（5）将每次替换计算所得的结果，与前一次的计算结果相比较，两者的差异即为该因素对成本的影响程度；

(6)各个因素的影响程度之和,应与分析对象的总差异相等。

在应用因素分析法时,各个因素的排列顺序应该固定不变;否则,就会得出不同的计算结果,也会产生不同的结论。

3.差额计算法

差额计算法是因素分析法的一种简化形式,它利用各个因素的计划与实际的差额来计算其对成本的影响程度。

4.比率法

比率法是指用两个以上指标的比例进行分析的方法。它的基本特点是:先把对比分析的数值变成相对数,再观察其相互之间的关系。常用的比率法有以下几种。

1)相关比率法

由于项目经济活动的各个方面是互相联系、互相依存、互相影响的,因而将两个性质不同而又相关的指标加以对比,求出比率,并以此来考察经营成果的好坏。

例如:产值和工资是两个不同的概念,但它们又是投入与产出的关系。在一般情况下,都希望以最少的人工费支出完成最大的产值。因此,用产值工资率指标来考核人工费的支出水平,就很能说明问题。

2)构成比率法

构成比率法又称比重分析法或结构对比分析法。通过构成比率,可以考察成本总量的构成情况以及各成本项目占成本总量的比重,同时也可看出量、本、利的比例关系(即预算成本、实际成本和降低成本的比例关系),从而为寻求降低成本的途径指明方向。

3)动态比率法

动态比率法就是将同类指标不同时期的数值进行对比,求出比率,以分析该项指标的发展方向和发展速度。动态比率的计算通常采用基期指数(或稳定比指数)和环比指数两种方法。

**(二)综合成本的分析方法**

所谓综合成本,是指涉及多种生产要素,并受多种因素影响的成本费用,如分部分项工程成本,月成本、季度成本、年度成本等。由于这些成本都是随着项目施工的进展而逐步形成的,与生产经营有着密切的关系。因此,做好上述成本的分析工作,无疑将促进项目的生产经营管理,提高项目的经济效益。

1.分部分项工程成本分析

分部分项工程成本分析是施工项目成本分析的基础。分部分项工程成本分析的对象为已完分部分项工程。分析的方法是:进行预算成本、计划成本和实际成本的"三算"对比,分别计算实际偏差和目标偏差,分析偏差产生的原因,为今后的分部分项工程成本寻求节约途径。

分部分项工程成本分析的资料来源是:预算成本来自施工图预算,计划成本来自施工预算,实际成本来自施工任务单的实际工程量、实耗人工和限额领料单的实耗材料。

由于施工项目包括很多分部分项工程,不可能也没有必要对每一个分部分项工程都进行成本分析,特别是一些工程量小、成本费用微不足道的零星工程。但是,对于那些主要分部分项工程则必须进行成本分析,而且要做到从开工到竣工进行系统的成本分析。这是一项很有意义的工作,因为通过主要分部分项工程成本的系统分析,可以基本上了解项目成本形成的全过程,为竣工成本分析和今后的项目成本管理提供一份宝贵的参考资料。

2.月(季)度成本分析

月(季)度成本分析,是施工项目定期的、经常性的中间成本分析。对有一次性特点的施工项目来说,有着特别重要的意义。因为,通过月(季)度成本分析,可以及时发现问题,以便按照成本目标指示的方向进行监督和控制,保证项目成本目标的实现。月(季)度成本分析的依据是当月(季)的成本报表。分析的方法通常有以下几种:

(1)通过实际成本与预算成本的对比,分析当月(季)的成本降低水平;通过累计实际成本与累计预算成本的对比,分析累计的成本降低水平,预测实现项目成本目标的前景。

(2)通过实际成本与计划成本的对比,分析计划成本的落实情况,以及目标管理中的问题和不足,进而采取措施,加强成本管理,保证成本计划的落实。

(3)通过对各成本项目的成本分析,可以了解成本总量的构成比例和成本管理的薄弱环节。例如:在成本分析中,发现人工费、机械费和间接费等项目大幅度超支,就应该对这些费用的收支配比关系进行认真研究,并采取对应的增收节支措施,防止今后再超支。如果是属于预算定额规定的"政策性"亏损,则应从控制支出着手,把超支额压缩到最低限度。

(4)通过主要技术经济指标的实际与计划的对比,分析产量、工期、质量、"三材"节约率、机械利用率等对成本的影响。

(5)通过对技术组织措施执行效果的分析,寻求更加有效的节约途径。

(6)分析其他有利条件和不利条件对成本的影响。

3.年度成本分析

企业成本要求一年结算一次,不得将本年成本转入下一年度。而项目成本则以项目的寿命周期为结算期,要求从开工到竣工到保修期结束连续计算,最后结算出成本总量及其盈亏。由于项目的施工周期一般都比较长,除了要进行月(季)度成本的核算和分析,还要进行年度成本的核算和分析。这不仅是为了满足企业汇编年度成本报表的需要,也是项目成本管理的需要。因为通过年度成本的综合分析,可以总结一年来成本管理的成绩和不足,为今后的成本管理提供经验和教训,从而可对项目成本进行更有效的管理。

年度成本分析的依据是年度成本报表。年度成本分析的内容,除月(季)度成本分析的6个方面外,重点是针对下一年度的施工进展情况规划切实可行的成本管理措施,保证施工项目成本目标的实现。

4.竣工成本的综合分析

凡是有几个单位工程而且是单独进行成本核算(即成本核算对象)的施工项目,其竣工成本分析应以各单位工程竣工成本分析资料为基础,再加上项目经理部的经营效益(如资金调度、对外分包等所产生的效益)进行综合分析。如果施工项目只有一个成本核算对象(单位工程),就以该成本核算对象的竣工成本资料作为成本分析的依据。

单位工程竣工成本分析应包括以下3方面内容:

(1)竣工成本分析;

(2)主要资源节超对比分析;

(3)主要技术节约措施及经济效果分析。

通过以上分析,可以全面了解单位工程的成本构成和降低成本的来源,对今后同类工程的成本管理很有参考价值。

**（三）项目成本的分析方法**

1. 工费分析

在管理层和作业层两层分离的情况下，项目施工需要的人工和人工费，由项目经理部与施工队签订劳务承包合同，明确承包范围、承包金额和双方的权利、义务。对项目经理部来说，除了按合同规定支付劳务费，还可能发生一些其他人工费支出，主要有：

（1）因实物工程量增减而调整的人工和人工费；

（2）定额人工以外的估点工工资（如果已按定额人工的一定比例由施工队包干，并已列入承包合同的，不再另行支付）；

（3）对在进度、质量、节约、文明施工等方面作出贡献的班组和个人进行奖励的费用。

项目经理部应根据上述人工费的增减，结合劳务合同管理进行分析。

2. 材料费分析

材料费分析包括主要材料、结构件和周转材料使用费的分析以及材料储备的分析。

1）主要材料和结构件费用的分析

主要材料和结构件费用的高低，主要受材料和消耗数量的影响。而材料价格的变动，又要受采购价格、运输费用、途中损耗、来料不足等因素的影响；材料消耗数量的变动，也要受操作损耗、管理损耗和返工损失等因素的影响，可在价格变动较大和数量超用异常的时候再作深入分析。为了分析材料价格和消耗数量的变化对材料与结构件费用的影响程度，可按下列公式计算：

因材料价格变动对材料费的影响 =（预算单价 – 实际单价）× 消耗数量

因消耗数量变动对材料费的影响 =（预算用量 – 实际用量）× 预算价格

2）周转材料使用费分析

在实行周转材料内部租赁制的情况下，项目周转材料费的节约或超支，取决于周转材料的周转利用率和损耗率。因为周转一慢，周转材料的使用时间就长，同时也会增加租赁费支出；而超过规定的损耗，更要照原价赔偿。周转利用率和损耗率的计算公式如下：

周转利用率 = 实际使用数 × 租用期内的周转次数 /（进场数 × 租用期）× 100%

损耗率 = 退场数 / 进场数 × 100%

3）采购保管费分析

材料采购保管费属于材料的采购成本，包括材料采购保管人员的工资、工资附加费、劳动保护费、办公费、差旅费，以及材料采购保管过程中发生的固定资产使用费、工具用具使用费、检验试验费、材料整理及零星运费和材料物资的盘亏及损毁等。

材料采购保管费一般应与材料采购数量同步，即材料采购多，采购保管费也会相应增加。因此，应该根据每月实际采购的材料数量（金额）和实际发生的材料采购保管费，计算材料采购保管费支用率，供前后期材料采购保管费的对比分析之用。

4）材料储备资金分析

材料的储备资金，是根据日平均用量、材料单价和储备天数（即从采购到进场所需要的时间）计算的。上述任何两个因素的变动，都会影响储备资金的占用量。材料储备资金的分析，可以应用因素分析法。储备天数的长短是影响储备资金的关键因素，因此材料采购人员应该选择运距短的供应单位，尽可能减少材料采购的中转环节，缩短储备天数。

3. 机械使用费分析

项目经理部不可能拥有自己的机械设备,而是根据施工的需要,向企业动力部门或外单位租用。在机械设备的租用过程中,存在着两种情况:一是按产量进行承包,并按完成产量计算机械费用,如土方工程,项目经理部只要按实际挖掘的土方工程量结算挖土费用,而不必过问挖土机械的完好程度和利用程度;另一种是按使用时间(台班)计算机械费用,如塔吊、搅拌机、砂浆机等,如果机械完好率差或在使用中调度不当,必然会影响机械的利用率,从而延长使用时间,增加使用费用。因此,项目经理部应对此给予一定的重视。

由于建筑施工的特点,在流水作业和工序搭接上往往会出现某些必然或偶然的施工间隙,影响机械的连续作业;有时又会因为加快施工进度和工种配合,需要机械日夜不停地运转。这样难免会有一些机械利用率很高,一些机械利用不足,甚至租而不用。利用不足,台班费需要照付;租而不用,则要支付停班费。总之,都将增加机械使用费支出。因此,在机械设备的使用过程中,必须以满足施工需要为前提,加强机械设备的平衡调度,充分发挥机械设备的效用。同时,还要加强平时的机械设备的维修保养工作,提高机械的完好率,保证机械的正常运转。

4. 其他直接费分析

其他直接费是指施工过程中发生的除直接费外的其他费用,包括以下几种费用。

(1)二次搬运费;

(2)工程用水电费;

(3)临时设施摊销费;

(4)生产工具、用具使用费;

(5)检验试验费;

(6)工程定位复测费;

(7)工程移交费;

(8)场地清理费。

其他直接费的分析,主要应通过预算与实际数的比较来进行。如果没有预算数,可以计划数代替预算数。

5. 间接成本分析

间接成本是指为施工准备、组织施工生产和管理所需要的费用,主要包括现场管理人员的工资和进行现场管理所需要的费用。间接成本分析也应通过预算(或计划)数与实际数的比较来进行。

# 第二节　材料和设备核算的内容及方法

## 一、材料和设备核算的内容

材料和设备的核算是材料、设备供应和资金管理工作的一个重要环节。材料和设备的核算工作可以及时反映材料、设备的采购、储备、保管和耗用情况,考核材料、设备供应计划的执行情况,这对节约使用资金、降低生产成本有着重要的意义。施工企业材料和设备的核算,主要包括以下几个方面:

（1）正确、及时地反映材料和设备的采购情况,考核材料、设备供应计划和材料、设备用款计划的执行,促使企业不断改善材料和设备的采购工作,做到既保证生产需要,又节约使用采购资金,降低材料和设备的采购成本。

（2）及时结算材料和设备的价款,正确计算材料和设备的采购成本。

（3）正确、及时地反映材料和设备的收、发及结存情况,考核材料和设备是否完整。

（4）正确计算耗用材料和设备的实际成本,分别按照用途计入产品成本。

（5）定期对材料和设备的库存数量及质量进行清查盘点。查明盘点盈亏的原因,并按规定作出处理。防止丢失和盗窃,并及时处理积压材料、设备,动员内部资源,加速流动资金周转。

## 二、材料和设备的计价

### （一）概述

企业在持续经营的前提下,材料和设备入账应采用历史成本为计价原则,各种材料和设备都应当按取得时的实际成本记账。因为采用历史成本作为建筑材料和设备入账价值的基础,有如下优点:

（1）可以反映企业取得建筑材料和设备时实际耗费的成本。

（2）历史成本是基于过去发生的交易或事项获得的,具有客观可靠性,可以进行验证。

（3）在难以确定建筑材料和设备的现行销售价格时,历史成本可以代替变现净值。

（4）按历史成本计量建筑材料和设备的同时,对为取得建筑材料和设备而支付的货币资金或其他资产也采用了同样计量原则,有利于维护核算的复式平衡。

### （二）材料和设备的计价方法

根据各种建筑材料和设备来源的不同,建筑材料和设备实际成本计价的组成也不同,主要有以下几种。

1. 购入建筑材料和设备的实际成本

（1）买价:是指购入建筑材料和设备的发票价格,包括原价和供销部门手续费、进口成套设备和材料的清算标价与进口加成费等。

（2）运杂费:是指运抵工地仓库前所发生的运输费、装卸货费、包装费和保险费等。

（3）流通环节缴纳的税金、应分摊的外汇价差,如进口材料物资应缴纳的关税、产品税、增值税等。

（4）采购保管费:包括物资供应部门和仓库为组织物资采购验收、保管及收发物资所发生的各项费用。

2. 自制建筑材料和设备的实际成本

自制建筑材料和设备按照制造过程中的各项实际支出计价,如自营施工建设的开发工程所发生的材料费、人工费、机械使用费、其他直接费和施工间接费等。

3. 委托外单位加工的建筑材料和设备的实际成本

委托外单位加工的建筑材料和设备的实际成本包括实际耗用的原材料或半成品成本、运杂费和加工费等。

4. 投资者投入建筑材料和设备的实际成本

投资者投入建筑材料和设备的实际成本,按照评估确认或者合同、协议约定的价值计价。

5. 盘盈建筑材料和设备的实际成本

盘盈的建筑材料和设备的实际成本,按照同类建筑材料和设备的实际成本计价;没有同类建筑材料和设备的,按照市价计价。

6. 接受捐赠的建筑材料和设备的实际成本

接受捐赠的建筑材料和设备的实际成本,应按照发票账单所列金额加企业负担的运杂费、保险费、税金计价,无发票账单的,按同类建筑材料和设备的市价计价。

7. 建设单位供应的建筑材料和设备的实际成本

建设单位供应的建筑材料和设备的实际成本应按合同确定价值计价。

企业在建筑材料和设备的日常核算中,除设备、开发产品、周转房等一般按实际成本计价外,其他一些品种繁多的建筑材料和设备,也可按计划成本计价。按计划成本核算建筑材料和设备的企业,对建筑材料和设备实际成本与计划成本之间的差异,应当独立核算。

采用计划成本组织材料的日常核算,在有关记录材料物资动态的一切原始凭证和账册表格内,均以计划成本登记,月终汇总后再确定实际成本和计划成本之间的差额,并通过材料成本差异科目,将生产经营中耗用材料物资的计划成本调整为实际成本。房地产企业领用或发出的建筑材料和设备,按照实际成本核算的,可以采用先进先出法、加权平均法、移动平均法、个别计价法、后进先出法等确定其实际成本。采用计划成本核算的,按期结转其应负担的成本差异,将计划成本按成本计算期调整为实际成本。建筑材料和设备的计价方法一经确定,不能随意变更;如有变更,应在会计报告中加以说明。

1)先进先出法

先进先出法是根据先入库先发出的原则,对发出的建筑材料和设备,以先入库建筑材料和设备的单价进行计价,从而计算发出建筑材料和设备成本的方法。

先进先出法的计算办法是:先按第一批入库建筑材料和设备的单价,计算发出建筑材料和设备的成本;领发完毕后,再按第二批入库建筑材料和设备的单价计算成本;以此类推。若领发的建筑材料和设备属于前后两批入库、单价又不同时,就需分别用两个单价进行计算。

采用先进先出法,由于期末结存建筑材料和设备金额是根据近期入库建筑材料和设备成本计价的,因此期末建筑材料和设备成本比较接近现行的市场价值,并能随时结转发出材料的实际成本。但由于工作量比较大,一般适用于收发次数不多的建筑材料和设备。

2)加权平均法

加权平均法又称全月一次加权平均法,它以本月全部收货成本与本月初成本之和除以本月全部发货数量加月初建筑材料和设备数量(权数)。由此计算出建筑材料和设备的本月加权平均单位成本,从而确定建筑材料和设备的发出与库存成本。

采用加权平均法计算发出建筑材料和设备的成本,较为均衡,计算的工作量小;但计算成本工作必须在月末进行,工作量较为集中。一般适用于前后单价相差幅度较大,且需在月末结转其发出成本的建筑材料和设备。

3)移动平均法

移动平均法又称移动加权平均法,是本次收货的成本与原有库存的成本之和,除以本次收货数量与原有收货数量之和,计算出加权单价,据以对发出建筑材料和设备进行计价的一种方法。采用移动平均法计算发出建筑材料和设备的成本最为均衡。

4）个别计价法

个别计价法又称具体辨认法、分批实际法，即对各种建筑材料和设备,逐一辨认各该批发出建筑材料和设备与期末建筑材料和设备所属的购进批别或生产批别,分别以其购入或生产时所确定的单位成本作为计算成本的依据。采用个别计价法,能随时结转发出建筑材料和设备的成本,计算结果符合实际,但计算工作量十分繁重,因此只适用于容易识别、建筑材料和设备品种数量不多、单位成本较高的建筑材料和设备的计价。计算公式为:

发出建筑材料和设备成本 = 发出建筑材料和设备数量 × 建筑材料和设备单价

5）后进先出法

后进先出法是根据后入库先发出的原则,对所发出的建筑材料和设备按后入库的建筑材料和设备的单价进行计价,以计算建筑材料和设备成本的方法。

后进先出法的计算方法是:先按最后入库建筑材料和设备的单价计算发出建筑材料和设备成本,领发完毕后,再按前一批入库建筑材料和设备的单价计算。若领发的建筑材料和设备属于前后两批不同的单价时,就需要分别用两个单价进行计算。

## 三、材料供应的考核

材料供应计划是组织材料供应的依据。它是根据施工生产进度计划、材料消耗定额等编制的。施工生产进度计划确定了一定时期内应完成的工程量,而材料供应量是根据工程量乘以材料消耗定额,并考虑库存、合理储备、综合利用等因素,经平衡后确定的。按质、按量、按时配套供应各种材料是保证施工生产正常进行的基本条件之一。检查、考核材料供应计划的执行情况,主要是检查材料的收入执行情况,它反映了材料对生产的保证程度。

检查材料收入的执行情况,就是将一定时期(旬、月、季、年)内的材料实际收入量与计划收入量作对比,以反映计划完成情况。

一般情况下,材料收入量的充足性与材料供应的及时性可从以下两个方面进行考核。

**（一）检查材料收入量是否充足**

材料收入量是否充足用以考核各种材料在某一时期内的收入总量是否完成了计划,检查在收入数量上是否满足了施工生产的需要。计算公式为:

$$材料供应计划完成率(\%) = \frac{实际收入量}{计划收入量} \times 100\% \tag{7-1}$$

例如:某单位 8 月份供应材料情况考核如表 7-1 所示。

表 7-1　某单位 8 月份供应材料情况考核

| 材料名称 | 规格 | 单位 | 进料来源 | 进料方式 | 进料数量 | | 实际完成情况（％） |
| --- | --- | --- | --- | --- | --- | --- | --- |
| | | | | | 计划 | 实际 | |
| 水泥 | 42.5级 | t | ×××厂 | 卡车运输 | 390 | 460 | 118 |
| 黄砂 | 中粗 | m³ | ×××厂 | 卡车运输 | 800 | 650 | 81 |
| 碎石 | 5～40 mm | m³ | ×××厂 | 卡车运输 | 1 560 | 1 650 | 106 |

材料收入量充足是保证生产完成所必需的数量、施工生产顺利进行的一项重要条件。如收入量不充足,如表7-1中黄砂的收入量仅完成计划收入量的81%,这就会在一定程度上造成施工中断,妨碍施工正常进行。

### (二)检查材料供应的及时性

在检查材料收入执行情况时,仅分析材料收入量是否充足,不能全面体现材料收入的真实效果。如在收入总量计划完成情况较好的情况下,由于收入时间不及时等可能造成施工现场的停工待料现象。

因此,在分析考核材料供应及时性问题时,需要把时间、数量、平均每天需用量和期初库存等资料联系起来。供货及时性对生产的保证程度即本月供货及时率的计算公式为:

$$本月供货及时率(\%) = \frac{实际供货对生产建设具有保证的天数}{本月实际工作天数} \times 100\% \qquad (7-2)$$

例如:某单位8月份水泥供应及时性考核见表7-2。

表7-2　某单位8月份水泥供应及时性考核

| 进货批数 | 计划需用量 | | 月初库存量 | 计划收入 | | 实际收入 | | 完成计划(%) | 对生产保证程度 | |
|---|---|---|---|---|---|---|---|---|---|---|
| | 本月 | 平均每日用量 | | 日期 | 数量 | 日期 | 数量 | | 按日计数 | 按数量计 |
| | 390 | 15 | 30 | | | | | | 2 | 30 |
| 第一批 | | | | 1 | 80 | 5 | 45 | | 3 | 45 |
| 第二批 | | | | 7 | 80 | 14 | 105 | | 7 | 105 |
| 第三批 | | | | 13 | 80 | 19 | 120 | | 8 | 120 |
| 第四批 | | | | 19 | 80 | 27 | 190 | | 3 | 45 |
| 第五批 | | | | 25 | 70 | | | | | |
| 合计 | | | | | 390 | | 460 | | 23 | 345 |

注:1. 8月份的工作天数按26天计算。

2. 平均每日需用量 = 全月需用量/实际工作天数 = 390/26 = 15(t)。

3. 第四批27日供货的190 t水泥,实际起保证作用的只有28日、29日、31日三天(30日为周日)。

由表7-2可知,当月的水泥供货总量超额完成了计划,但由于供货不均衡,月初需用的材料集中于后期供应,造成工程发生停工待料现象,实际收入总量460 t中,能及时用于生产建设的只有345 t,停工待料3天,则本月供货及时率 = 23/26 × 100% ≈ 88.46%。

结合表7-1、表7-2分析可知,表7-1中反映出水泥实际完成情况为计划的118%,从总量上反映出水泥的供应满足施工生产的需要,但表7-2中从时间角度反映出大部分水泥的供应时间集中在中、下旬,在上旬出现供料不及时的情况,影响了上旬施工生产的顺利进行。

## 四、材料储备的核算

为了防止材料积压或储备不足,保证生产需要,加速资金周转,企业必须经常检查材料储备定额的执行情况,分析材料库存情况。

检查材料储备定额的执行情况，是将实际储备材料数量（金额）与储备定额数量（金额）相对比，当实际储备数量超过最高储备定额时，说明材料有超储积压；当实际储备数量低于最低储备定额时，说明企业材料储备不足，需要动用保险储备。

材料储备主要通过储备实物量的核算、储备价值量的核算两种方式进行。

**（一）储备实物量的核算**

储备实物量的核算是对实物周转速度的核算，主要核算材料储备对生产的保证天数、在规定期限内的周转次数和周转天数。其计算公式为：

$$材料储备对生产的保证天数 = 期末库存量/日平均材料消耗量 \qquad (7\text{-}3)$$

$$材料周转次数 = 年度材料消耗量/平均库存量 \qquad (7\text{-}4)$$

$$材料周转天数（即实际储备天数）= （平均库存量 \times 日历天数）/年度材料消耗量 \quad (7\text{-}5)$$

**【例 7-1】** 某建筑企业核定黄砂最高储备天数为 6 天，某年度 1～12 月耗用黄砂 150 000 t，其平均年库存量为 3 350 t，期末库存量为 4 000 t。计算实际储备天数、对生产的保证天数及超储或不足供应现状。（报告日历天数按 360 天计）

**解：**
$$实际储备天数 = \frac{平均库存量 \times 日历天数}{年度材料消耗量} = \frac{3\,350 \times 360}{150\,000} = 8.04（天）$$

$$对生产的保证天数 = \frac{期末库存量}{日平均材料消耗量} = \frac{4\,000 \times 360}{150\,000} \approx 9.6（天）$$

黄砂超储情况：

$$超储天数 = 报告期实际储备天数 - 核定最高生产储备天数 = 8.04 - 6 = 2.04（天）$$

$$超储数量 = 超储天数 \times 日平均材料消耗量 = 2.04 \times 150\,000/360 = 850（t）$$

**（二）储备价值量的核算**

价值形态的检查考核，是把实物数量乘以材料单价用货币作为总和单位进行综合计算。储备价值量核算可以将不同质量、不同价格的各类材料进行最大限度的综合。其计算方法既可以采用周转次数、周转天数等核算方法，亦可采用百元产值占用材料储备资金情况及节约使用材料资金进行考核。其计算公式为：

$$百元产值占用材料储备资金 = \frac{定额流动资金中材料储备资金平均数}{年度建安工作量} \times 100 \qquad (7\text{-}6)$$

$$流动资金中材料资金节约使用额 = \frac{（计划周转天数 - 实际周转天数）\times 年度材料消耗总额}{360}$$

$$(7\text{-}7)$$

**【例 7-2】** 某建筑单位全年完成建安工作量 1 178.8 万元，年度材料消耗总额 888.68 万元，其平均库存量为 148.78 万元。计划周转天数为 70 天。现要求计算该企业的实际材料周转次数、周转天数、百元产值占用材料储备资金及节约使用材料资金等情况。

**解：**
$$材料周转次数 = \frac{年度材料消耗量}{平均库存量} = \frac{888.68}{148.78} \approx 5.97（次）$$

$$材料周转天数 = \frac{平均库存量 \times 日历天数}{年度材料消耗量} = \frac{148.78 \times 360}{888.68} \approx 60.27（天）$$

$$百元产值占用材料储备资金 = \frac{定额流动资金中材料储备资金平均数}{年度建安工作量} \times 100$$

$$= \frac{148.78}{1\,178.8} \times 100 = 12.62（元）$$

$$流动资金中材料资金节约使用额 = \frac{(计划周转天数 - 实际周转天数) \times 年度材料消耗总额}{360}$$

$$= \frac{(70 - 60.27) \times 888.68}{360} \approx 24.02(万元)$$

### 五、材料消耗量的核算

现场材料使用过程的管理,主要是按单位工程定额供料和班组耗用材料的限额领料进行管理。前者是按概算定额对在建工程实行定额供应材料;后者是在分部分项工程中以施工定额对施工队伍实行限额领料。施工队伍实行限额领料,是材料管理工作的落脚点,是经济核算、考核企业经营成果的依据。

检查材料消耗情况,主要是将材料的实际消耗与定额消耗量进行对比,以得出材料节约或浪费情况。由于材料的使用情况不同,因而考核材料的节约或浪费情况的方法也不相同,现就几种情况分别叙述如下。

**(一)某种材料节约(超耗)量和节约(超耗)率**

某种材料节约(超耗)量计算公式为:

$$某种材料节约(超耗)量 = 某种材料实际消耗量 - 该项材料定额消耗量 \quad (7\text{-}8)$$

计算结果为正数,表示超耗;反之,则表示节约。

某种材料节约(超耗)率(%)计算公式为:

$$某种材料节约(超耗)率(\%) = \frac{某种材料节约(超耗)量}{该种材料定额消耗量} \times 100\% \quad (7\text{-}9)$$

计算结果为正数,表示超耗;反之,表示节约。

**【例7-3】** 某工程浇捣墙基 C20 混凝土,每立方米定额用 P. O42.5 水泥 245 kg,共浇捣 23.6 m³,实际用水泥 5 204 kg。求其水泥节约(超耗)量和水泥节约(超耗)率。

**解:**
$$水泥节约量 = 5\,204 - 245 \times 23.6 = -578(kg)$$

$$水泥节约率 = \frac{-578}{245 \times 23.6} \times 100\% = -10\%$$

**(二)核算多项工程某种材料消耗情况**

某种材料的定额消耗量,即定额要求完成一定数量建筑安装工程所需消耗的材料数量的计算公式为:

$$某种材料定额消耗量 = \sum (材料消耗定额 \times 实际完成的工程量) \quad (7\text{-}10)$$

例如:某工程浇捣混凝土和砌墙均需使用中砂,工程资料见表7-3。

表7-3 工程资料

| 分部分项工程 | 完成工程量 (m³) | 定额单耗 (m³) | 限额用量 (m³) | 实际用量 (m³) | 节约(-)量或超耗(+)量(m³) | 节约(-)率或超耗(+)率(%) |
|---|---|---|---|---|---|---|
| M5 混合砂浆砌半砖外墙 | 654 | 0.207 | 135.38 | 125.20 | -10.18 | -7.52 |
| 现浇 C20 混凝土圈梁 | 245 | 0.416 | 101.92 | 107.02 | +5.10 | +5 |
| 合计 | | | 237.30 | 232.22 | -5.08 | -2.14 |

根据表7-3 中数据可以看出,两项工程合计节约中砂5.08 m³,其节约率为2.14%。

如果做进一步分析检查,则砌墙工程节约中砂 7.52%,计 10.18 m³;混凝土工程超耗中砂 5%,计 5.10 m³。

### (三)核算一项工程使用多种材料的消耗情况

建筑材料有时由于使用价值不同,计量单位各异,不能直接相加进行考核。因此,需要利用材料价格作为同度量因素,用消耗量乘材料价格,然后加总对比。计算公式为:

$$材料节约(-)或超耗(+)额 = \sum 材料价格 \times (材料实耗量 - 材料定额消耗量)$$

$$(7\text{-}11)$$

例如:某施工单位以 M5 混合砂浆砌筑一砖外墙工程共 100 m³,材料消耗分析(一)见表 7-4。

表 7-4　材料消耗分析(一)

| 材料名称规格 | 计量单位 | 消耗数量 | | 材料计划单价(元) | 消耗金额(元) | | 节约(-)或超耗(+)金额 | 节约(-)率或超耗(+)率(%) |
| --- | --- | --- | --- | --- | --- | --- | --- | --- |
| | | 应耗 | 实耗 | | 应耗 | 实耗 | | |
| P.O32.5 水泥 | kg | 4 746 | 4 350 | 0.293 | 1 390.58 | 1 274.55 | -116.03 | -8.34 |
| 中砂 | m³ | 331.3 | 360 | 28.00 | 9 276.40 | 10 080.00 | +803.60 | +8.66 |
| 石灰膏 | kg | 3 386 | 4 036 | 0.101 | 341.99 | 407.64 | +65.65 | +19.20 |
| 标准砖 | 块 | 53 600 | 53 000 | 0.222 | 11 899.20 | 11 766.00 | -133.20 | -1.12 |
| 合计 | — | — | — | — | 22 908.17 | 23 528.19 | +620.02 | +2.71 |

### (四)核算多项分项工程使用多种材料的消耗情况

对以单位工程为单位的材料消耗情况,可将各分项工程使用材料的消耗情况,汇总成材料消耗分析(二)(见表 7-5)。它既可了解分部分项工程及各单位工程材料的定额执行情况,又可综合分析全部工程项目耗用材料的效益情况,见表 7-5。

表 7-5　材料消耗分析(二)

| 工程名称 | 工程量 | | 材料 | | 材料单耗 | | 材料单价(元) | 材料费用(元) | |
| --- | --- | --- | --- | --- | --- | --- | --- | --- | --- |
| | 单位 | 数量 | 名称 | 单位 | 实际 | 定额 | | 按实际计 | 按定额计 |
| C10 基础加固混凝土 | m³ | 18.1 | P.O 32.5 水泥 | kg | 187 | 194 | 0.293 | 54.79 | 56.84 |
| | | | 中砂 | m³ | 5.78 | 5.81 | 28.00 | 161.84 | 162.68 |
| | | | 5~40 mm 碎石 | m³ | 10.34 | 10.50 | 21.60 | 223.34 | 226.80 |
| | | | 大石块 | m³ | 4.73 | 4.50 | 24.00 | 113.52 | 108.00 |
| C20 基础加固混凝土 | m³ | 36.42 | P.O 32.5 水泥 | kg | 246 | 254 | 0.293 | 72.08 | 74.42 |
| | | | 中砂 | m³ | 28.30 | 29.50 | 28.00 | 792.40 | 826.00 |
| | | | 5~40 mm 碎石 | m³ | 7.90 | 8.10 | 21.60 | 170.64 | 174.96 |
| 合计 | | | | | | | | 1 588.61 | 1 629.70 |

# 第三节 材料、设备的成本核算方法

## 一、材料、设备实际成本

材料核算是以货币或实物数量的形式,对建筑企业材料管理工作中的采购、供应、储备、消耗等项业务活动进行记录、市场计算、比较和分析,总结管理经验,找出存在问题,从而提高材料供应管理水平。

材料采购的核算,是以材料采购预算成本为基础,与实际采购成本相比较,核算其成本降低或超耗程度。

### (一)材料预算(计划)价格

材料预算(计划)价格是由地区建设主管部门颁布的,以历史水平为基础,并考虑当前和今后的变动因素,预先编制的价格。

材料预算价格是地区性的,根据本地区工程分布、投资数额、材料用量、材料来源地、运输方法等因素综合考虑,采用加权平均的计算方法确定。同时,对其使用范围也有明确规定,在地区范围以外的工程,则应按规定增加远距离的运费差价。材料预算价格包括从材料来源地起,到达施工现场的工地仓库或材料堆放场地为止的全部价格。材料预算价格由材料原价、供销部门手续费、包装费、运杂费、采购费及保管费五项费用组成。

材料预算价格的计算公式为:

$$材料预算价格 = (材料原价 + 供销部门手续费 + 包装费 + 运杂费) \times$$
$$(1 + 采购及保管费率) - 包装品回收值 \qquad (7\text{-}12)$$

### (二)材料采购实际成本

材料采购实际成本是材料在采购和保管过程中所发生的各项费用的总和。它由材料原价、供销部门手续费、包装费、运杂费、采购费及保管费五项费用组成。组成实际价格的五种费用,任何一种费用的变动,都会直接影响到材料实际成本的高低,进而影响工程成本的高低。在材料采购及保管过程中应力求节约,降低材料采购成本是材料采购管理的重要环节。

市场供应的材料,由于货源来自各地,产品成本不一致,运输距离不等,质量情况也参差不齐,为此在材料采购或加工订货时,要注意材料实际成本的核算,采购材料时应作各种比较,即同样的材料比质量,同样的质量比价格,同样的价格比运距,最后核算材料成本。对大宗材料,其价格组成中运费是主要部分,应尽量做到就地取材,减少运输费用。

材料价格通常按实际成本计算,有先进先出法和加权平均法两种。

#### 1. 先进先出法

先进先出法是指同一种材料每批进货的实际成本如各不相同,按各批不同的数量及价格计入账册。领用时,以先购入的材料数量及价格先计价核算工程成本,按先后顺序依次类推。

#### 2. 加权平均法

加权平均法是指同一种材料在发生不同实际成本时,按加权平均法求得平均单价,当下一批进货时又以余额(数量、价格)与新购入的数量、价格作新的加权平均计算,得出平均价格。

**【例7-4】** 某单位某种材料成本见表7-6,请分别采用先进先出法和加权平均法计算材料的成本。

表7-6 某种材料成本

| 日期 | 摘要 | 数量 | 单位成本(元) | 金额(元) |
|------|------|------|-------------|---------|
| 1 日 | 期初余额 | 100 | 300 | 30 000 |
| 3 日 | 购入 | 50 | 310 | 15 500 |
| 10 日 | 生产领用 | 125 | | |
| 20 日 | 购入 | 200 | 315 | 63 000 |
| 25 日 | 生产领用 | 150 | | |

解:(1)先进先出法。

10 日生产领用材料的成本:

$$100 \times 300 + 25 \times 310 = 37\ 750(元)$$

25 日生产领用材料的成本:

$$25 \times 310 + 125 \times 315 = 47\ 125(元)$$

结余材料成本:

$$30\ 000 + 15\ 500 - 37\ 750 + 63\ 000 - 47\ 125 = 23\ 625(元)$$

(2)加权平均法。

平均成本:

$$(30\ 000 + 15\ 500 + 63\ 000) \div (100 + 50 + 200) = 310(元)$$

结余材料成本:

$$310 \times (100 + 50 - 125 + 200 - 150) = 23\ 250(元)$$

**(三)材料采购成本的考核**

材料采购成本可以从实物量和价值量两方面进行考核。单项品种的材料在考核材料采购成本时,可以从实物量形态考核其数量上的差异。企业实际进行采购成本考核,往往是分类或按品种总和考核价值上的"节"与"超"。通常有如下两项考核指标。

1. 材料采购成本降低(超耗)额

材料采购成本降低(超耗)额计算公式为:

材料采购成本降低(超耗)额 = 材料采购预算成本 − 材料采购实际成本    (7-13)

式中,材料采购预算成本是按预算价格事先计算的计划成本支出;材料采购实际成本是按实际价格事后计算的实际成本支出。

2. 材料采购成本降低(超耗)率

材料采购成本降低(超耗)率计算公式为:

$$材料采购成本降低(超耗)率(\%) = \frac{材料采购成本降低(超耗)额}{材料采购预算成本} \times 100\% \quad (7\text{-}14)$$

通过材料采购成本降低(超耗)率指标,考核成本降低或超耗的水平和程度。

**【例7-5】** 某工地四季度从四个产地采购四批中粗砂,A 批 150 $m^3$,采购成本 24 元/$m^3$;B 批 200 $m^3$,采购成本23.5 元/$m^3$;C 批 400 $m^3$,采购成本 22 元/$m^3$;D 批 250 $m^3$,采

购成本 23 元/m³。中粗砂预算价格 24.88 元/m³。试分析该工地采购经济效果。

**解**：中粗砂加权平均成本 = (150 × 24 + 200 × 23.5 + 400 × 22 + 250 × 23) ÷ (150 + 200 + 400 + 250) = 22.85(元/m³)

中粗砂预算价格 24.88 元/m³，则

中粗砂采购成本降低额 = (24.88 - 22.85) × 1 000 = 2 030(元)

中粗砂采购成本降低率 = (1 - 22.85/24.88) × 100% = 8.16%

该工地采购中粗砂四批共 1 000 m³，共节约采购费用 2 030 元，成本降低率达到 8.16%，经济效果尚好。

## 二、主要材料超计划用料的原因及调整措施

### (一)材料计划变更的原因

实践证明，材料计划的变更是常见的、正常的。材料计划的多变，是由它本身的性质所决定的。计划是人们在认识客观世界的基础上制订出来的，受人们的认识能力和客观条件的制约，所编制出的计划的质量就会有差异。计划与实际脱节往往不可能完全避免，重要的是一经发现，就应调整原计划。自然灾害、战争等突发事件一般不易被识别，一旦发生会引起材料资源和需求的重大变化。材料计划涉及面广，与各部门、各地区、各企业都有关系，一方有变，牵动他方，也使材料资源和需要发生变化。这些主客观条件的变化必然引起原计划的变更。为了使计划更加符合实际，维护计划的严肃性，就需要对计划及时进行调整和修订。

材料计划的变更，除上述基本原因外，还有一些其他的原因。一般来说，出现下述情况时，也需要对材料计划进行调整和修订。

1. 任务量变化

任务量是确定材料需用量的主要依据之一，任务量的增加或减少，将相应地引起材料需要量的增加或减少。在编制材料计划时，不可能将计划任务变动的各种因素都考虑在内，只有待问题出现后，通过调整原计划来解决。

(1)在项目施工过程中，由于技术革新，增加了新的材料品种，原计划需要的材料出现多余，就要减少需要；或者根据用户的意见对原设计方案进行修订，这时所需材料的品种和数量也会发生变化。

(2)在基本建设中，由于编制材料计划时图纸和技术资料尚不齐全，原计划实属概算需要，待图纸和资料到齐后，材料实际需要常与原概算情况有出入，这时也需要调整材料计划。同时，由于现场地质条件及施工中可能出现的变化因素，需要改变结构、设备型号时，材料计划调整也不可避免。

(3)在工具和设备修理中，编制计划时很难预计修理需要的材料，实际修理需用的材料与原计划中申请材料常常有出入，调整材料计划完全有必要。

2. 工艺变更

设计变更必然引起工艺变更，需要的材料当然就不一样。设计未变，但工艺变了，加工方法、操作方法变了，材料消耗也可能与原来不一样，材料计划也要随之相应调整。

3. 其他原因

计划初期预计库存不正确、材料消耗定额变了、计划有误等，都可能引起材料计划的变

更,需要对原计划进行调整和修订。根据多年的实践经验,材料计划变更主要是由生产建设任务的变化引起的。其他变化对材料计划当然也产生一定影响,但引起变更的数量远比生产建设任务变化引起的少。由于上述种种原因,必须对材料计划进行合理的调整和修订。如不及时进行修订,将会使企业发生停工待料的现象,或使企业材料大量闲置积压。这不仅会使生产建设受到影响,而且直接影响企业的财务状况。

**(二)材料计划变更的方法**

**1. 全面调整和修订**

全面调整和修订主要是指材料资源和需要发生了大的变化时的调整,加上自然灾害、战争或经济调整等,都可能使资源和需要发生重大变化,这时需要全面调整和修订计划。

**2. 专案调整和修订**

专案调整和修订主要是指由于某项任务的突然增减;或由于某种原因,工程提前或延后施工;或生产建设中出现突然情况,使局部资源和需要发生了较大变化,一般用待分配材料或当年储备解决,必要时通过调整供应计划解决。

**3. 临时调整和修订**

如生产和施工过程中,临时发生变化,就必须临时调整,这种调整属于局部性调整,主要是通过调整材料供应计划来解决的。

**(三)材料计划变更中应注意的问题**

(1)维护计划的严肃性和实事求是地调整计划。在执行材料计划的过程中,根据实际情况的不断变化,对计划作相应的调整和修订是完全必要的。但是,要注意避免轻易地变更计划,无视计划的严肃性,认为有无计划都得保证供应,甚至违反计划、用计划内材料搞计划外项目,也通过变更计划来满足。当然,不能把计划看作是一成不变的,在任何情况下都机械地强调维持原来的计划,明明计划已不符合客观实际的需要,仍不去调整、修订、解决,这也和事物的发展规律相违背。正确的态度和做法是,在维护计划严肃性的同时,坚持计划原则性和灵活性的统一,实事求是地调整和修订计划。

(2)权衡利弊后,尽可能把计划调整的范围压缩到最小限度。调整计划虽然有必要,但许多时候总会或多或少地造成一些损失。所以,在调整计划时,一定要权衡利弊,把调整的范围压缩到最小限度,使损失尽可能地减少到最小。

(3)及时掌握情况。

①掌握材料的需用情况。做好材料计划的调整和修订工作,材料部门必须主动和各方面加强联系,掌握计划任务安排和落实情况,如了解生产建设任务和基本建设项目的安排与进度情况,了解主要设备和关键材料的准备情况,对一般材料也应按需要逐项检查落实。如果发生偏差,应迅速反馈,采取措施,加以调整。

②掌握材料的消耗情况。找出材料消耗升降的原因,加强定额管理,控制发料,防止超定额用料。

③掌握资源的供应情况。不仅要掌握库存和在途材料的动态,还要掌握供方能否按时交货等情况。

掌握上述三方面的情况,实际上就是要做到需用清楚、消耗清楚和资源清楚,以利于材料计划的调整和修订。

(4)妥善处理、解决调整和修订材料计划中的相关问题。材料计划的调整和修订中追加或减少的材料,一般以内部平衡调剂为原则,追加部分或减少部分内部处理不了或不能解决的,由负责采购或供应的部门协调解决。特别要注意的是,要防止在调整计划中"拆东墙补西墙"、冲击原计划的做法。没有特殊原因,材料应通过机动资源和增产解决。

## 三、现场周转材料加快周转的措施

为使周转材料真正发挥"周转"的作用,建筑施工企业要对周转材料加强管理,可采取以下措施:

(1)要做到"管物先管人"。对周转材料的管理,首先应该加强思想教育,充分调动广大职工当家理财的积极性,努力发扬职工的"主人翁"精神,千方百计地提高全体人员用好、管好周转材料的自觉性。

(2)将周转材料的管理纳入企业全面质量管理之中,齐抓共管,发动职工献计献策,大力采用新技术、新工艺,努力减少周转材料的消耗。

(3)要建立"周转材料统计台账",认真记录各种周转材料的名称、规格、型号、价格、数量以及质量状况等。对周转材料的使用时间、使用数量、使用次数以及损耗数量要进行详细的统计,并制订出切实可行的消耗定额,强化周转材料的动态管理。

(4)要实行周转材料租赁制。建筑施工企业内部实行周转材料租赁制,可以强化周转材料的管理,提高周转材料的使用寿命和使用效率,既有利于降低工程成本,又便于施工生产。

(5)要做好周转材料的回收、整修和保管、保养工作。为提高周转材料的使用寿命,必须及时回收并清除施工时黏附在周转材料上的残留物,进行精心地维修和保养,配齐损坏、丢失的配件,保证施工用周转材料的完整性和配套性,为便于发放使用,应做到合理存放,堆码有序,使周转材料始终处于良好状态。

做好周转材料的租赁管理,要以我国《经济合同法》为依据,强调严肃性,制定合理的租赁费用,采取租赁合同的形式,实行丢失、损坏赔偿制度。同时,要注重发挥物资部门和施工单位对管好、用好周转材料的积极性。作为供方的物资部门,必须坚持为施工生产服务的原则,按照施工单位的用料要求,及时、齐备、保质、保量地做好周转材料的供应以及监督使用等工作;作为用户的施工单位,必须按照合同规定的租赁按时缴纳租金,并切实做好周转材料的现场管理工作,严格执行周转材料的使用规范和拆卸作业标准,坚决杜绝野蛮拆卸、任意改造等行为,发生丢失、损坏必须照价赔偿。

## 四、周转材料的核算

由于周转材料可多次反复使用于施工过程,因此其价值的转移方式也不同于一般建筑材料,建筑材料的价值转移通常一次性全部转移到建筑产品中,而周转材料的价值则是分多次转移到产品中,通常称为摊销。

周转材料的核算以价值量核算为主要内容,核算其周转材料的费用收入与支出的差异和费用摊销。

### (一)费用收入

周转材料的费用收入是以施工图为基础,以概(预)算定额为标准,随工程款结算而取得的资金收入。

在概算定额中,周转材料的取费标准是根据不同材质总和编制的,在施工生产中无论实际使用何种材质,取费标准均不予调整(主要指模板)。

（二）费用支出

周转材料的费用支出是根据施工工程的实际投入量计算的。对周转材料实行租赁的企业,费用支出表现为实际支付的租赁费用;对周转材料不实行租赁制度的企业,费用支出表现为按照规定的摊销率所提取的摊销额,计算摊销额的基数为全部拥有量。

（三）费用摊销

费用摊销主要有一次摊销法、五五摊销法和期限摊销法等。

1. 一次摊销法

一次摊销法是指一经使用,其价值即全部转入工程成本的摊销方法。它适用于与主件配套使用并独立计价的零配件。

2. 五五摊销法

五五摊销法是指投入使用时,先将其价值的一半摊入工程成本,待报废后再将另一半价值摊入工程成本的摊销方法。它适用于价值偏高,不宜一次摊销的周转材料。

3. 期限摊销法

期限摊销法是根据使用期限和单价来确定摊销额度的摊销方法。它适用于价值较高、使用期限较长的摊销方法。计算方法如下:

（1）分别计算各种周转材料的月摊销额,计算公式为:

$$某种周转材料月摊销额(元) = \frac{该种周转材料采购原价 - 预计残余价值(元)}{该种周转材料预计使用年限 \times 12(月)}$$

(7-15)

（2）分别计算各种周转材料的月摊销率,计算公式为:

$$某种周转材料月摊销率(\%) = \frac{该种周转材料月摊销额(元)}{该种周转材料采购价(元)} \times 100\% \qquad (7-16)$$

（3）计算月度周转材料总摊销额,计算公式为:

$$月度周转材料总摊销额 = \sum [周转材料采购原价(元) \times 该种周转材料摊销率(\%)]$$

(7-17)

## 五、中小型设备的折旧及成本核算

（一）费用收入与费用支出

在施工生产中,工具费用的收入是按照框架结构、排架结构、升板结构、全装配结构等不同结构类型,以及旅游宾馆等大型公共建筑,分不同檐高(20 m 以上和以下),以每平方米建筑面积计取。一般情况下,生产工具费用约占工程直接费的2%。工具费用的支出包括购置费、租赁费、摊销费、维修费及个人工具的补贴费等项目。

（二）工具费用的摊销方法

工具费用的摊销方法与周转材料的摊销方法相同。

1. 一次摊销法

一次摊销法是指工具一经使用,其价值全部转入工程成本,并通过工程款收入得到一次性补偿的核算方法。它适用于消耗性工具。

## 2. 五五摊销法

五五摊销法是指工具投入使用后,先将其价值的一半摊入工程成本,待其报废后再将另一半价值摊入工程成本,通过工程款收入分两次得到补偿。五五摊销法适用于价值较低的中小型低值易耗工具。

## 3. 期限摊销法

期限摊销法是根据工具使用年限和单价来确定摊销额度,分多期进行摊销的方法。在每个核算期内,工具的价值只是部分计入工程成本并得到部分补偿。此法适用于固定资产性质的工具及单位价值较高的易耗性工具。

## 4. 中小型设备的折旧计提方法

1)直线法(年限平均法)

直线法月折旧额计算公式为:

$$月折旧额 = (固定资产原价 - 预计残值) \div 使用年限 \div 12 \qquad (7\text{-}18)$$

2)双倍余额递减法(加速折旧)

双倍余额递减法年折旧率、月折旧额计算公式为:

$$年折旧率 = 2 \div 预计使用寿命(年) \times 100\% \qquad (7\text{-}19)$$

$$月折旧额 = 固定资产净值 \times 年折旧率 \div 12 \qquad (7\text{-}20)$$

# 小 结

本章介绍了工程费用、工程成本,材料、设备的成本核算方法。全面系统地阐述了材料管理和材料核算的相关知识等材料员上岗前应掌握的必备知识。

# 习 题

1. 工程费用的组成有哪几部分?
2. 工程成本分析的基本方法有哪些?
3. 建筑材料和设备的五种计价方法分别是什么?
4. 材料计划变更的原因有哪些?

# 第八章　材料、设备的统计台账和资料整理

【学习目标】

通过本章的学习,要求掌握物资的分类管理、信息管理、供方管理、计划管理、统计管理等物资管理的基础知识;能够建立施工材料、设备的收、发、存台账;了解计算机系统在现场材料管理中的应用;能够整理、编制施工材料、施工设备资料表。

## 第一节　物资管理

对建筑施工企业来说,企业的管理水平最终体现在项目的成本管理和企业的效益上。有关统计表明,项目物资成本占项目总成本的60%～70%。项目物资管理贯穿于企业管理的始终,是企业管理的重要组成部分。项目物资管理的水平、物资成本控制的效果直接影响着项目的工程成本,单位工程物资消耗水平也直接反映了企业在一定时期的管理水平。因此,企业管理水平的提高,可以提高企业的项目物资管理水平,降低项目物资消耗水平,使企业获取较大的经济效益。

### 一、物资管理概述

#### (一)物资管理的概念

广义上的物资是物资资料的简称,包括生产资料和生活资料。狭义上的物资是指生产资料(劳动手段、劳动对象)。

建筑施工企业物资包括建筑材料、机械设备。建筑材料是建筑安装工程的劳动对象,是建筑产品的物质基础。

项目物资管理就是与项目有关的各部门、各系统通过科学的管理方法和手段,对项目所使用的物资在流通过程和消耗过程中的经济活动进行计划、组织、监督、激励、协调、控制,以保证施工生产的顺利进行。

#### (二)物资管理的任务

项目物资从采购、供应、运输到施工现场验收、保管、发放、使用,涉及物资的流通和消耗两个过程,因此决定了项目的物资管理具有以下两大内容。

1. 在流通过程中的管理

在流通过程中的管理一般称为供应管理。它包括物资从项目采购供应前的策划,供方的评审与评定,供方的选择、采购、运输、仓储、供应到施工现场(或加工地点)的全过程。供应管理的任务就是通过精心的组织协调、合理的计划安排、有效的监督控制,努力降低物资在流通过程中的成本,并适时、适价、齐备配套地将工程所需物资供应至工程使用地点,保证施工生产的顺利进行。

2. 在使用过程中的管理

在使用过程中的管理一般称为消耗管理。它包括物资从进场验收、保管出库、拨料、限

额领料,耗用过程的跟踪检查,物资盘点,到剩余物资的回收利用等全过程。消耗管理的任务就是根据企业规定使用的消耗定额,合理地控制施工现场的材料消耗,并通过采用先进的施工工艺和新技术、推广新材料,激励操作者不断提高操作水平,避免返工浪费,降低单位工程消耗水平,使企业以最小的投入获得较大的经济效益。

3. 物资管理的程序

1) 物资管理体系

物资管理工作是一个系统工程,根据不同的管理权限和职责,项目物资管理分为以下三个层次。

(1) 经营管理层:是企业的主管领导和总部各有关部门。主要负责物资管理制度的建立,担负监督、协调职能。

(2) 执行层:是企业的主管部门和项目的有关职能部门。主要依据企业的有关规定,合理计划、组织物资进场,控制其合理消耗,担负计划、控制、降低成本的职能。

(3) 劳务层:是各类物资的直接使用者。依据经营管理层、执行层所制定的消耗制度和合理的消耗数量,合理地使用物资,不断降低单位工程材料消耗水平。

2) 物资管理流程

物资管理流程见图 8-1。

4. 物资管理的主要制度

1) 物资计划管理制度

(1) 项目技术部门根据工程施工进度计划编制下月度的物资需用计划(备料计划)。计划中要明确物资的类别、名称、品种(型号)规格、数量、质量要求、技术标准、编制日期、送达日期、编制人、审核人、审批人。

(2) 项目物资部门根据项目技术部门报出的备料计划,在充分调查现场库存情况后,根据企业规定的物资采购管理权限编制申请计划,经项目领导审批后报上级物资部门。计划中要明确物资的类别、名称、品种(型号)规格、数量、技术标准、使用部位、使用时间、质量要求和项目名称、编制日期、编制依据、送达日期、编制人、审核人、审批人。

(3) 各级物资部门按照管理权限及时编制采购计划。采购计划中要明确物资的类别、名称、品种(型号)规格、数量、单价、金额、质量标准、技术标准、使用部位、物资供方单位、进场时间、编制依据、编制日期、编制人、审核人、审批人。

(4) 各级、各部门计划人员在编制各类物资计划时,要认真、仔细、及时,充分了解现场库存情况,避免计划的错提、重提、漏提,尽可能杜绝由于计划原因使企业造成的损失。

(5) 由于业主进行工程使用功能的改变,或设计的重大变更使原计划不能满足工程需要时,计划人员须在物资采购前进行计划的更改,重新修改计划。

(6) 各级物资部门计划人员要将各类计划分类整理,填写编号,建立各类物资的计划收发台账。每月将各类计划装订成册,妥善保管。

2) 物资采购管理制度

(1) 原则上主要材料、批量材料物资采购供应(租赁)时必须签订购货合同或加工订货合同。

(2) 各级物资部门订货合同的签订必须遵守《合同法》中的各项规定,内容符合《合同法》的规定。

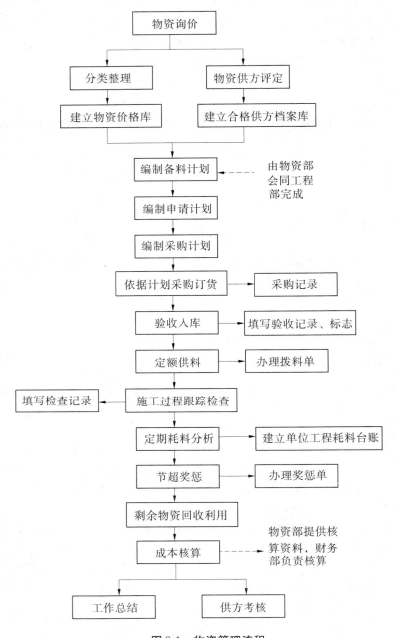

图 8-1　物资管理流程

（3）地方政府主管部门规定的属重点工程的主要材料须按有关规定进行公开招标采购。

（4）各级物资部门采购时，必须在企业编制的合格供应商名册中采购。

（5）采购人员应遵守的原则：

①各级采购人员必须遵章守法，不得索贿受贿，严格执行有关的经济合同和协议及"同等质量比价格，同等价格比质量"原则，并做到：没有计划，未经有关领导批准不购；规格不

符,质量不合格,价格不适合者不购;无材质证明或产品合格证者不购;现场、仓库有能够代用的材料不购。

②进行三比一算:即比质量、比价格、比运距、算成本。

3)现场物资保管和使用管理制度

(1)进入现场的物资严格按照买卖双方在合同中约定的标准,参照国家或地方(行业)的规范进行质量、数量、环保、职业健康、安全卫生方面的验收,把好质量关、数量单据关。

(2)验收合格后做好标志,填写验收单,按照物资的保管与保养规程进行保管。

(3)验收不合格的物资要单独码放、做好标志,及时清场,杜绝其使用到工程中。

(4)主要物资做到证随料走,并做好"材质证明收发台账"。需做复试的材料,须复试合格后方可发放使用。

(5)所有出库物资需填写"物资出库单",经有关人员签字后方可出库使用。

(6)根据不同的施工阶段,采取不同的控制方法开展限额领料和额定用料制度。

4)物资成本核算制度

(1)依据工程投标报价资料和经营管理层编制的工程项目制造成本进行物资的总量控制,开展限额领料。

(2)建立单位工程消耗统计台账,定期分析工程耗料情况。

(3)项目物资部门对进场物资要做到日清月结。月末、季末、年末要对现场物资进行盘点,定期对用料进行分析,并通报公司物资部门和项目经理部有关人员及部门。

(4)项目物资部门按照公司财务核算的要求建立各类账目,定期进行盘点稽核。

5)易燃易爆、贵重物品物资管理制度

(1)易燃、易爆、贵重物品应单独设立库房保存。

(2)掌握材料性质的知识,了解其受外界环境影响的特性,做到能相互作用的材料必须隔离、分开存放。

(3)熟练掌握不同物资的不同保管方式,对不同时期的进库物资按批次分开存放并设立标志。

(4)库区内应设必要的消防安全设备并保证在有效使用期内使用功能良好。

(5)提高警惕,做好防火、防盗工作,防止灾害、事故的发生,维护库房治安,确保仓库安全。

(6)及时调节库房的温、湿度,使库区处于通风良好状态,保持清洁卫生,做好防腐、防虫、防锈、防高温和防冻工作。

(7)定期检查库区,掌握物资变化情况,并及时采取有效措施加以控制,以确保物资正常使用。

(8)物资按防火要求码放、库内外严禁烟火,保证库内外道路畅通,发现火情及时报警并迅速组织人员进行自救。

6)项目仓库消防制度

(1)认真贯彻执行公安部颁发的仓库防火管理制度和有关法规,制定本部门防火措施,完善健全防火制度,做好材料物资运输过程中及存放保管时的防火安全管理工作。

(2)对易燃、易爆危险品及有毒物品必须按规定存放,要落实专人保管,分类存放,严格手续,防止爆炸和自燃起火。

（3）对所属库房和存放的物资要定期开展安全防火检查，及时消除不安全隐患，对保管员要经常进行防火安全教育。

（4）仓库要按规定配备消防器材，定期保养，确保完好，库区要放明显的防火标志，严禁吸烟和明火作业。

（5）仓库管理员可根据项目实际情况作为仓库的兼职防火员，对防火工作要负责任，必须遵守仓库有关防火规定，下班前应对仓库进行仔细检查，无问题时，锁门断电后方可离开。

7）项目物资消耗管理制度

（1）现场物资消耗管理的原则：计划管理、定额供料、跟踪检查、总量控制、节超奖罚。

（2）计划管理：各级、各部门计划编制人员在编制各类物资计划时，要查施工计划、查图纸要求、查现场库存、查实际需用，做到物尽其用。避免计划的重提、错提、漏提，防止浪费。

（3）定额供应：在工程施工过程中，主要材料依据图纸计算需用量加合理损耗，板方材依据施工组织设计流水段的划分及周转次数确定定额量，并进行控制。

（4）跟踪检查：在工程施工过程中，结合文明工地管理，进行物资在使用过程中的跟踪检查，对采取各种方法积极节约材料的人员，给予一定的物质奖励；对浪费现象及时提出整改意见，仍不见效者，给予经济处罚。

（5）总量控制。

①钢筋：按与业主签订合同的工程量清单进行总量控制。

②型材：按机电部和项目经理部审定的材料预算总用量进行总量控制。

③混凝土：按与业主签订合同的工程量清单进行总量控制。

④水泥：根据业主最终结算量进行总量控制。

⑤板方材、竹（木）制模板：根据项目经理部编制的施工组织设计或模板施工方案计算量，经与分包单位商定周转次数后进行总量控制。

⑥架设工具和租赁钢模板：项目物资部门根据施工组织设计中所需计划量，或与分包共同计算加合理损耗确定总量。

⑦中小型租赁机具：由项目经理部在公司物资部门推荐的多家租赁单位（销售单位）中选择。机具进场后，交由分包单位进行现场管理和日常的维修保养，并按与租赁单位签订的租赁协议与分包单位签订使用协议。

⑧其他材料：按概算量和项目主管部门审定的计划进行控制。

（6）节超奖罚：施工过程中项目物资部门利用计算机等科学手段，建立物资的各种台账，随时了解、掌握和提供物资的收、发、存及消耗情况，将物资的消耗置于受控状态。按照物资的使用情况，分部位、分阶段进行现场物资的消耗分析。各种物资超过控制数量，由分包单位提出超量原因，经项目经理部确认，若是设计更改或工程量变化，在与业主办理相应索赔手续后，重新核定控制数量；若属项目经理部原因，在查明责任后重新核定控制数量；若属分包单位自身原因，由分包单位自行负责并赔偿相应损失。

## 二、物资分类管理

项目使用的材料数量大、品种多，对工程成本和质量的影响不同。企业将所需物资进行分类管理，不仅能发挥各级物资人员的作用，也能尽量减少中间环节。目前，大部分企业在对物资进行分类管理中,运用了 ABC 法的原理,即关键的少数,次要的多数。根据物资对本企业质量和成本的影响程度、企业管理制度和物资管理体制将物资分成 A、B、C 三类进行管理。

### (一)分类依据

(1)依据物资对工程质量和成本的影响程度分类。对工程质量有直接影响的,关系用户使用效果的,占工程成本较大的物资一般为 A 类;对工程质量有间接影响的,是工程实体消耗的物资为 B 类;辅助材料中成本占工程成本较小的物资为 C 类。

(2)依据企业管理制度和物资管理体制分类。由总部主管部门负责采购供应的物资为 A 类,其余物资可分为 B、C 类。

### (二)分类内容

物资分类如表 8-1 所示(扫二维码 8-1 查看)。

## 三、物资信息管理

随着我国市场经济的不断发展和建筑市场投标报价方式的转变,信息在企业的经营决策中起到了重要作用,已成为施工企业进行物资采购、存储,投标报价的依据和基础资料。企业应将所收集的各类信息整理后建立物资资源库,使之能够在企业的相关部门工作中共享。

### (一)物资信息的种类

(1)资源信息:包括工程所需各类物资生产(供应)企业的生产能力、产品质量、企业信誉、生产工艺和服务的水平。

(2)供求信息:包括当前国内外建材市场的供需情况、价格情况和发展趋势。

(3)政策信息:包括国家、地方和行业主管部门对物资供应与管理的各项政策。

(4)新产品信息:包括国内外建材市场新型材料发展和新产品开发与应用的信息。

(5)淘汰材料信息。

### (二)信息的获得与管理

由于信息所特有的时效性、区域性和重要性,所以信息管理要求实施动态管理,信息的收集、整理要求全面广泛、及时准确。信息收集的主要途径如下:

(1)各种专业报刊、杂志;

(2)专业的学术、技术交流资料;

(3)互联网;

(4)政府部门和行业管理部门发布的有关信息;

(5)各级采购人员的实际采购资料;

(6)各类广告资料;

(7)各类展销会、订货会提供的资料。

### (三)企业物资资源库的建立

(1)物资部门将所收集到的信息进行分类整理,利用计算机等先进工具建立企业物资资源库。

(2)企业物资资源库包括价格信息库、供方资料库、有关物资的政策信息库,新产品、新材料库和工程物资消耗库。

## 四、供方管理

物资的供方是企业物资的供应商。在国际市场的物资采购活动中,已将供需矛盾的双方发展成为战略性伙伴关系,形成了企业的物资供应链,物资供应链形成联合体。

加强物资的供方管理,对供方进行评价与选择,保证所购产品满足生产企业的要求,是企业采购前进行供方选择的依据,也是企业对其进行质量、环境、职业健康、安全卫生施加影响。

### (一)对物资供方的评定

1. 评定方法

(1)对物资供方能力和产品质量体系进行实地考察与评定;

(2)对所需产品样品进行综合评定;

(3)了解其他使用者的使用效果。

2. 评定内容

(1)供货能力:包括批量生产能力、供货期保证能力与资质情况;

(2)质量保证能力:包括技术保证能力、管理能力、生产工艺控制及产品质量能否满足设计要求;

(3)付款要求:包括资金的垫付能力和流动资金情况;

(4)质量体系运转的有效性;

(5)企业履约情况及信誉;

(6)售后服务能力;

(7)同等质量的产品单价竞争力。

3. 评定程序

(1)物资供方的评定工作由企业物资部门经理负责。

(2)物资采购人员根据企业内部员工和外界人士的推荐、参加的各类展销会、查询的 IT 网等得到所需的供方资料,要求供应商填写"供应商资格预审/评价表"。

(3)各级采购人员将所审批的物资供方按采购权限进行分类整理,进行综合评定后填写评价意见。

(4)公司物资部门经理审核,签署评价结果后报经公司有关领导审核。

(5)经公司主管领导审批后,将评定合格的物资供方列入公司"合格供方花名册"中,作为公司或项目各类物资采购的选择范围。

### (二)对物资供方的后评估

1. 后评估的目的

通过评估,对物资供方供应的全过程服务进行鉴定,从而淘汰不符合公司要求的物资供方,以确保所供物资能够满足工程设计质量要求和达到业主的满意。

2. 后评估的内容

(1)所供产品的供应情况;

(2)所供产品的价格水平;

(3)所供产品的质量水平;

(4)所供产品履约能力和售后服务情况。

3．后评估的程序

（1）由采购员牵头，组织项目物资部和项目有关人员对已供货的供方进行一次全面的评价，并填写"供应商评估表"；

（2）使用单位的有关部门和采购部门在"供应商评估表"中填写实际情况；

（3）公司物资部经理根据评估的内容签署意见，确定是否继续保留在合格供方花名册中。

## 五、物资计划管理

### （一）物资计划管理的概念

物资计划管理就是通过运用计划的手段，来组织、指导、监督、调节、控制物资的采购、运输、供应等经济活动的一种管理制度。

### （二）物资计划管理的任务

物资计划管理的任务如下：

（1）为实现企业经营目标做好物质准备；

（2）根据企业的资源储备情况，做好平衡、协调工作；

（3）通过计划，监督、控制项目物资采购成本和合理使用资金；

（4）建立健全企业物资计划管理体系。

### （三）物资计划管理的分类

1．按用途分

物资计划管理按用途分可分为以下 5 类：需用计划、申请计划、采购（加工订货）计划、供应计划、储备计划。

2．按时间分

物资计划管理按时间分可分为以下 4 类：年度计划、季度计划、月度计划、追加计划。

### （四）物资计划的编制

1．项目物资总需用量计划及其编制

（1）工程中标后，公司物资部门根据企业投标部门的报价资料和经企业总工程师签署的"施工组织设计"，结合本工程的施工要求、特点、市场供应状况和业主的特殊要求，编制"单位工程物资总量供应计划"。

（2）"单位工程物资总量供应计划"是今后工程组织物资供应的前期方案和总量控制依据，是企业编制材料成本的主要依据。计划包括主要材料的供应模式（采购或租赁）、主要材料的大概用量、供方名称、所选物资供方的理由和材质证明、生产企业资质文件等。

（3）编制依据：①项目投标书中的"材料汇总表"；②项目施工组织计划；③当前物资市场采购价格。

（4）编制步骤：

第一步，计划编制人员与投标部门联系，了解工程投标书中该项目的"材料汇总表"。

第二步，计划编制人员查看经主管领导审批的项目施工组织设计，了解工程工期安排和机械使用计划。

第三步，根据企业资源和库存情况，对工程所需物资的供应进行策划，确定采购或租赁的范围；根据企业和地方主管部门的有关规定确定供应方式（招标或非招标、采购或租赁），了解当前市场价格情况。

2. 项目物资计划期需用量及其编制(年度、季度、月度计划)

1) 年度计划

年度计划是物资部门根据企业年初制订的方针、目标和项目年度施工计划,通过套用现行的消耗定额编制的年度物资供应计划,是企业控制成本、编制资金计划和考核物资部门全年工作的主要依据。

(1)编制依据:①企业年度方针目标;②项目施工组织设计和年度施工计划;③企业现行的物资消耗定额。

(2)编制步骤:

第一步,了解企业年度方针目标和本项目全年计划目标;

第二步,了解工程年度的施工计划;

第三步,了解市场行情,套用企业现行定额,编制年度计划。

2) 季度计划

季度计划是年度计划的滚动计划和分解计划。

3) 月度计划

月度计划也称备料计划,是由项目技术部门依据施工方案和项目月进度计划编制的下月备料计划,也是年度、季度计划的滚动计划,是进行订货、备料的依据。

3. 项目月度物资申请计划的编制

(1)月度物资申请计划是各级物资部门下达采购、加工、订货合同的依据,是项目物资部门根据企业物资管理体制中明确的采购供应权限向上级物资主管部门报送的计划。

(2)项目物资部门计划编制人员根据企业物资管理体制中采购权限的划分,将上级物资主管部门负责采购的物资,在充分调查现场库存情况后编制申请计划,经项目经理审批后于每月分别报上级物资部门,当月根据实际情况可进行调整,报补充计划。

(3)申请计划编制的原则:①做好"四查"工作,即查计划、查图纸、查需用、查库存。查计划是查看工程施工计划,了解物资使用时间;查图纸是了解物资使用部位;查需用是查技术部门编制的需用计划是否有漏项,以确保进场物资满足施工生产需要;查库存是了解库存情况和有无可替代的物资。②坚持实事求是的原则。深入调查研究,保证计划的准确性和可靠性。③留有余地的原则。物资的供应受自然因素和社会因素影响较大,在编制申请计划时应考虑不能留有缺口,需一定数量的合理储备,以保证物资的正常供应,特别是冬雨期施工的材料。

(4)计划中要明确物资的类别、名称、品种(型号)规格、数量、技术标准、使用部位、使用时间、质量要求和项目名称、编制日期、编制依据、送达日期、编制人、审核人、审批人。

4. 项目月度物资采购计划的编制

(1)由公司总部负责采购的物资,每月 25 日前由公司物资部门根据各项目所报月度申请计划,经复核、汇总后编制物资的采购计划,经物资部经理审核并报公司主管领导审批后进行采购。

(2)由项目自行采购的物资,由项目计划编制人员编制采购计划,经项目商务部门审核,项目经理审批后在公司物资部推荐的物资供方中选择 1~2 家进行采购。

(3)采购计划一式四份,现场验收人员一份,作为进场验收的依据;采购员一份,作为采购供应的依据;财务部门一份,作为报销的依据;计划编制人员留存一份。

(4)采购计划中要明确物资的类别、名称、品种(型号)规格、数量、单价、金额、质量标准、技术标准、使用部位、物资供方单位、进场时间、编制依据、编制日期、编制人、审核人、审批人。

**5.项目物资供应计划用量及其编制**

(1)定义。

供应计划是各类物资的实际进场计划,是项目物资部门根据施工进度和物资的现场加工周期所提出的最晚进场计划。

(2)A类物资供应计划。

由项目物资部经理根据月度申请计划和施工现场、加工场地、加工周期和供应周期分别报出。供应计划一式两份,公司物资部计划责任师一份,交各专业责任师,要求按计划时间将物资供应到指定地点;另一份交物资使用单位。

(3)B类物资供应计划。

由项目物资部经理根据审批的申请计划和工程部门提供的现场实际使用时间、供应周期直接编制。

(4)C类物资在进场前按物资供应周期直接编制采购计划进场。

(5)由于客观原因不能及时编制供应计划的,可用电话联系作为物资的供应计划,公司物资部计划统计责任师做好电话记录。

(6)计划中要明确物资的类别、名称、品种(型号)规格、数量、进场时间、交货地点、验收人和编制日期、编制依据、送达日期、编制人、审核人、审批人。

# 六、物资统计管理

物资统计是指运用各种统计方法对工程项目物资的采购、消耗、结存等进行统计调查、分析,提供统计资料、进行统计监督等活动的总称。物资统计必须按照《统计法》、公司发布的各项统计报表制度及相关文件的规定,根据施工单位提报的物资动态报告表或原始资料,认真建立统计台账,利用计算机准确无误地按规定的格式、内容、范围及时填报,并进行分析说明,经项目经理审核、签字上报公司物资管理部门。

**(一)物资统计的原则**

物资统计的原则如下:

(1)实事求是、如实反映客观的原则;

(2)严肃、认真的原则,即数据要有确凿的客观事实依据,如实反映统计资料的有关问题,及时、准确、字迹工整地编报统计报表;

(3)执行国家统计法规的原则;

(4)综合统计与专业统计相结合的原则。

**(二)物资统计的基本任务**

物资统计的基本任务如下:

(1)系统地反映物资采购、消费、结存及流通的情况;

(2)掌握物资动态与分布情况;

(3)根据历年统计资料,分析研究物资的供求关系、消费规律,挖掘潜力,保证施工生产

的正常进行,降低工程成本;

(4)正确反映各项物资计划执行情况,为物资管理工作提供信息,为监督、检查物资方针、政策、规章制度的贯彻执行和制定相应措施发挥指导作用。

### (三)物资统计的报表内容

物资统计的报表内容包括:

主要物资收、发、消费与库存量的统计,所有物资收入、消费与库存价值的统计,物资供应方式统计,物资检查、大清查等的统计。

### (四)物资收入量及供应方式的统计

物资收入量及供应方式的统计主要反映进料计划的执行情况、物资到货数量和进料渠道情况。通常应做以下分析:

(1)对订货合同和进料计划的执行情况,应分析兑现率,并与近期历史数据比较,以判明有无改进或不良状况;

(2)对料源渠道,应分析是否符合采购权限的划分,有无越权采购现象。

# 第二节　材料、设备的统计台账

台账可以分为自购材料台账、固定资产台账、周转材料台账、合同台账、委托检验质量台账、资金支付台账和劳务队台账等。

各项目部、物资设备部应对每一位业务员、内勤员和保管员进行分工,对各自分管的材料必须统一建立收、发、存台账。台账登记应该凭点验单和发料单入账,分类别、分种类、分规格、分型号登记。

台账记账可以分为手工记账和电脑记账,电脑记账可按月份打印纸制版,纸制版必须有制表人和审核人签字复核数量。

## 一、建立材料、设备的收、发、存台账

施工企业为了收集资料,建立工程项目的消耗档案,保证进场物资具有可追溯性,在适当时机编制企业内部消耗定额,应建立健全有关台账,并根据企业的有关规定进行汇编、整理。如单位工程材料消耗台账、计划收发台账、机械设备统计台账、材料发放台账等。

凡入库进场材料、设备,库房保管员要认真核实名称、规格、数量、质量、单位、单价等,严格按验收程序,经双方确认后办理签字交接手续,方可入库,如实填写入库验收单,并及时登账,对不符合质量、规格和数量要求的设备、材料,要按照《不合格品的控制程序》进行有效控制,单独标示。台账应该账目清楚、日清月结,每月底进行小结合计和累计合计数量、金额。

### (一)建立材料的统计台账

1.建立材料货物提交台账

1)填写材料提交日报表

材料提交日报表样式见表8-2(扫二维码8-2查看)。

2)填写收货单

收货单样式见表8-3(扫二维码8-3查看)。

3）填写收料单

收料单样式见表8-4（扫二维码8-4查看）。

4）填写委托对外加工厂交货日报表

委托对外加工厂交货日报表样式见表8-5（扫二维码8-5查看）。

2．建立材料入库验收台账

1）填写材料入库单

材料入库单样式见表8-6（扫二维码8-6查看）。

2）填写材料入库验收单

材料入库验收单样式见表8-7（扫二维码8-7查看）。

3）填写外厂加工成品缴库单

外厂加工成品缴库单样式见表8-8（扫二维码8-8查看）。

3．建立材料入库台账

1）填写存料卡

存料卡样式见表8-9（扫二维码8-9查看）。

2）填写材料编号申请表

材料编号申请表样式见表8-10（扫二维码8-10查看）。

3）填写材料编号分类表

材料编号分类表样式见表8-11（扫二维码8-11查看）。

4）填写材料进库日报表

材料进库日报表样式见表8-12（扫二维码8-12查看）。

5）填写材料进货日报表

材料进货日报表样式见表8-13（扫二维码8-13查看）。

4．建立材料库存情况台账

1）填写材料库存日报表

材料库存日报表样式见表8-14（扫二维码8-14查看）。

2）填写材料库存月报表

材料库存月报表样式见表8-15（扫二维码8-15查看）。

3）填写材料收支日报表

材料收支日报表样式见表8-16（扫二维码8-16查看）。

4）填写材料收发存月报表

材料收发存月报表样式见表8-17（扫二维码8-17查看）。

5）填写材料进出使用余额日报表

材料进出使用余额日报表样式见表8-18（扫二维码8-18查看）。

5．建立用料与配料台账

1）填写用料登记表

用料登记表样式见表8-19（扫二维码8-19查看）。

2）填写月份用料清单

月份用料清单样式见表8-20（扫二维码8-20查看）。

3）填写材料移用单

材料移用单样式见表8-21（扫二维码8-21查看）。

4）填写配料单

配料单样式见表8-22（扫二维码8-22查看）。

5）填写物资调拨单

物资调拨单样式见表8-23（扫二维码8-23查看）。

**（二）建立设备的统计台账**

设备的统计台账样式见表8-24（扫二维码8-24查看）。

## 二、根据领料单登记材料的发放台账

所有材料的领用出库都要严格审核，填写领料单，限额材料领料单经项目经理或工长审核签字后，才能发料，不能超限额发料、无单凭空支料。临时用材料、消耗品、周转材料、工机具在发料的同时，要作登记领用记录，让领用人签字。管库员发料后按记账要求，以发料凭证登记材料收发存台账。同时，对料位、料签或标志牌进行调整，清扫保管场所。

工程完工时，根据领用记录回收材料，废品由材料和项目部共同鉴定处理，差额要查明原因。所有材料、设备应遵循"谁领用、谁保管、谁负责"的原则，对领用材料的利用、保管负总责。建立管理台账，实行月、旬盘点，做到账物相符，不符部分及时支出列入成本，保证实物资产的安全、完整。台账的入库、发料、库存数量、金额应与财务部的记录相符，库存数量应与工地实际数量相符。

**（一）建立领料台账**

1.填写领料单

领料单样式见表8-25（扫二维码8-25查看）。

2.填写成批领料单

成批领料单样式见表8-26（扫二维码8-26查看）。

3.填写批号领料汇总表

批号领料汇总表样式见表8-27（扫二维码8-27查看）。

4.填写特别领料单

特别领料单样式见表8-28（扫二维码8-28查看）。

5.填写限额领料登记表

限额领料登记表样式见表8-29（扫二维码8-29查看）。

**（二）根据领料单登记材料的发放台账**

1.填写材料发放记录表

材料发放记录表样式见表8-30（扫二维码8-30查看）。

2.填写物料收发记录表

物料收发记录表样式见表8-31（扫二维码8-31查看）。

3.填写发出材料汇总表

发出材料汇总表样式见表8-32（扫二维码8-32查看）。

**4.填写材料欠发单**

材料欠发单样式见表8-33(扫二维码8-33查看)。

### 三、使用计算机系统进行现场材料管理

随着建筑行业的快速发展,业界管理者要求对施工过程中各个环节的成本分析、控制的各种动态数据信息作到全面、准确、及时地掌握,这对传统的管理模式、管理方法提出了更高的要求,而计算机作为一种先进的技术手段必将渗透到施工管理的方方面面,全面、高效的管理将贯穿施工始终,实现真正的收、支、存动态管理,从而形成计算机物资管理的模式。

**(一)传统手工管理模式存在的弊端**

施工项目的整个施工过程,材料涉及面广,工程周期长,若采用传统的手工管理,存在工作量繁重复杂、工作效率低下、数据汇总不及时、查询不方便、报表不及时、材料漏算误算、成本反映不及时和不准确、竣工实际耗用数据与竣工决算数据对比困难等弊端。

由于上述原因,导致材料、财务、预算等各专业系统的数据对不上的情况时有发生,十分不利于企业的综合统计分析工作,不利于正确决策,不利于成本控制,使企业难以健康有序地发展。

**(二)使用计算机系统进行现场材料管理的优势**

施工项目材料管理软件是施工企业对施工项目材料进行管理、提高项目管理水平及经济效益、增强市场竞争力的重要手段。使用计算机进行管理后,施工项目的材料从验收、入库、出库到调拨等一系列环节均可以准确无误地保存在计算机上,从而实现从项目的开工到竣工的材料管理的全部过程。

先进的材料管理软件,可以对材料整个使用过程进行统计和分析,完成从收料到领用过程中单据的管理、材料库存的统计、材料报表的统计,以及工程预算数据与实际数据的对比等功能;可以进行材料计划管理、材料收发管理、材料账表管理、单据查询打印、废旧材料管理;可以减轻材料管理人员工作强度,提高经济效益;可以让材料人员及项目其他相关管理人员能够腾出更多的时间用于加大管理力度、提高管理水平。

# 第三节 编制、收集、整理施工材料、施工设备资料表

## 一、填写施工材料资料表

钢材、钢绞线、型钢、锚杆、水泥、砂石料、减水剂、速凝剂、粉煤灰、矿粉、锚具、桥梁支座、防水材料(如土工布、防水板、止水带)、结构件、燃料、周转材料、低值易耗品、小型材料(如水泥制品、五金、电料、工具、劳保、杂品)等施工材料均应分别登记,建立完善的资料表。

**(一)填写钢筋原材资料表**

钢筋原材资料表样式见表8-34(扫二维码8-34查看)。

**(二)填写复合水泥资料表**

复合水泥资料表样式见表8-35(扫二维码8-35查看)。

**(三)填写粉煤灰砖资料表**

粉煤灰砖资料表样式见表8-36(扫二维码8-36查看)。

## （四）填写碎石资料表

碎石资料表样式见表8-37（扫二维码8-37查看）。

## （五）填写天然砂资料表

天然砂资料表样式见表8-38（扫二维码8-38查看）。

## （六）填写蒸压加气混凝土砌块资料表

蒸压加气混凝土砌块资料表样式见表8-39（扫二维码8-39查看）。

## 二、填写施工设备资料表

建筑施工常用的施工设备资料表样式见表8-40（扫二维码8-40查看）。

表8-41 材料、设备的统计台账和资料整理相关表格目录

| 序号 | 表名 | 二维码 | 序号 | 表名 | 二维码 |
|---|---|---|---|---|---|
| 二维码8-1 | 物资分类 | | 二维码8-2 | 材料提交日报表 | |
| 二维码8-3 | 收货单 | | 二维码8-4 | 收料单 | |
| 二维码8-5 | 委托对外加工厂交货日报表 | | 二维码8-6 | 材料入库单 | |
| 二维码8-7 | 材料入库验收单 | | 二维码8-8 | 外厂加工成品缴库单 | |
| 二维码8-9 | 存料卡 | | 二维码8-10 | 材料编号申请表 | |
| 二维码8-11 | 材料编号分类表 | | 二维码8-12 | 材料进库日报表 | |
| 二维码8-13 | 材料进货日报表 | | 二维码8-14 | 材料库存日报表 | |

| 序号 | 表名 | 二维码 | 序号 | 表名 | 二维码 |
|---|---|---|---|---|---|
| 二维码 8-15 | 材料库存月报表 | | 二维码 8-16 | 材料收支日报表 | |
| 二维码 8-17 | 材料收发存月报表 | | 二维码 8-18 | 材料进出使用余额日报表 | |
| 二维码 8-19 | 用料登记表 | | 二维码 8-20 | 月份用料清单 | |
| 二维码 8-21 | 材料移用单 | | 二维码 8-22 | 配料单 | |
| 二维码 8-23 | 物资调拨单 | | 二维码 8-24 | 设备的统计台账 | |
| 二维码 8-25 | 领料单 | | 二维码 8-26 | 成批领料单 | |
| 二维码 8-27 | 批号领料汇总表 | | 二维码 8-28 | 特别领料单 | |
| 二维码 8-29 | 限额领料登记表 | | 二维码 8-30 | 材料发放记录表 | |
| 二维码 8-31 | 物料收发记录表 | | 二维码 8-32 | 发出材料汇总表 | |

| 序号 | 表名 | 二维码 | 序号 | 表名 | 二维码 |
|---|---|---|---|---|---|
| 二维码 8-33 | 材料欠发单 | | 二维码 8-34 | 钢筋原材料资料表 | |
| 二维码 8-35 | 复合水泥资料表 | | 二维码 8-36 | 粉煤灰砖资料表 | |
| 二维码 8-37 | 碎石资料表 | | 二维码 8-38 | 天然砂资料表 | |
| 二维码 8-39 | 蒸压加气混凝土砌块资料表 | | 二维码 8-40 | 施工设备资料表 | |

# 小　结

本章介绍了物资分类管理、信息管理、供方管理、计划管理、统计管理等内容,对物资管理的基础知识进行了系统介绍;介绍了材料、设备的收、发、存台账,给出了材料员常用工作表格的样式;介绍了计算机系统在现场材料管理中的应用;介绍了施工材料、施工设备资料表的样式。

# 习　题

1. 物资管理的任务是什么?
2. 物资管理的流程怎样?
3. 物资计划管理的任务是什么?
4. 简述物资计划管理的分类。
5. 物资统计的基本任务是什么?

# 参 考 文 献

［1］ 本书编委会.材料员[M].武汉:华中科技大学出版社,2008.

［2］ 卜一德.建筑施工项目材料管理[M].北京:中国建筑工业出版社,2007.

［3］ 泛华建设集团.建筑工程项目管理服务指南[M].北京:中国建筑工业出版社,2007.

［4］ 李红.材料员专业技能入门与精通[M].北京:机械工业出版社,2012.

［5］ 韩实彬,董文晖.材料员[M].2版.北京:机械工业出版社,2011.

［6］ 张友昌.材料员专业基础知识[M].北京:中国建筑工业出版社,2008.

［7］ 银花.建筑工程项目管理[M].北京:机械工业出版社,2011.

［8］ 王潇洲.工程招投标与合同管理[M].广州:华南理工大学出版社,2009.

［9］ 魏玉艺.市场调查与分析[M].大连:东北财经大学出版社,2007.